崔玉涛图解宝宝成长 2

规律睡眠

崔玉涛 / 著

人民东方出版传媒

東方出版社

崔大夫寄语

2012年7月《崔玉涛图解家庭育儿》正式出版，一晃7年过去了，整套图书（10册）的总销量接近1000万册，这是功绩吗？不是，是家长朋友们对养育知识的渴望，是大家的厚爱！在此，对支持我的各界朋友表示感谢！

我开展育儿科普已20年，2019年11月会迎来崔玉涛开通微博10周年。回头看走过的育儿科普之路，我虽然感慨万千，但更多的还是感激和感谢：感激自己赶上了好时代，感激社会各界对我工作的肯定，感谢育儿道路上遇到的知己和伙伴，感谢图解系列的策划出版团队。记得2011年我们一起谈论如何出书宣传育儿科普知识时，我们共同锁定了图解育儿之路。经过大家共同奋斗，《崔玉涛图解家庭育儿1——直面小儿发热》一问世便得到了家长们的青睐。很多朋友告诉我，看过这本书，直面孩子发热时，自己少了恐慌，减少了孩子的用药，同时也促进了孩子健康成长。

不断的反馈增加了我继续出版图解育儿图书的信心。出完10册后，我又不断根据读者的需求进行了版式、内容的修订，相继推出了不同类型的开本：大开本的适合日常翻阅；小开本的口袋书，则便于年轻父母随身携带阅读。

虽然将近1000万册的销量似乎是个辉煌的数字，但在与读者交流的过程中，我发现这个数字中其实暗含了读者们更多的需求。第一套《崔玉涛图解家庭育儿》的思路侧重新生儿成长的规律和常见疾病护理，无法解决年轻父母在宝宝的整个成长过程中所面临的生活起居、玩耍、进食、生长、发育的问题。为此，我又在出版团队的鼎力支持下，出版了第二套书——《崔玉涛图解宝宝成长》。这套书根据孩子成长中的重要环节，以贯穿儿童发展、发育过程的科学的思路，讲解养育的逻辑与道理，及对未来的影响；书中还原了家庭养育生活场景，案例取材于日常生活，实用性强。这两套书相比较来看，第一套侧重于关键问题讲解，第二套更侧重实操和对未来影响的提示。同时，第二套书在形式上也做了升级，图解的部分更注重辅助阅读和场景故事感，整套书虽然以严肃的科学理论为背景，但是阅读过程中会让读者感到轻松、愉快，无压力。

本册主题是“规律睡眠”。宝宝规律的睡眠在于家长对他的睡眠“行为引导”。宝宝在不同年龄阶段的睡眠时长、时间点及睡眠质量方面，均突显出阶段性的不同，给家长造成的焦虑点也不同。比如，“宝宝多大适合分床睡”“夜晚睡觉怕黑”“睡眠规律被打破，不肯入睡”等。因此本书分别从睡眠时长、睡眠质量、睡眠规律、睡眠环境、睡眠行为与习惯五个方面出发，在针对性地指出宝宝规律睡眠的同时，也就“如何培养宝宝良好的睡眠习惯”这一难题，给出了实操性强的建议。睡眠不仅是宝宝生长发育的基础，也是家长评测养育效果的重要指标。

愿我的努力，在出版团队的支持下，使养育孩子这个工程变得轻松、科学！感谢您选择了这套图书，它将陪伴宝宝健康成长！

崔玉涛儿童健康管理中心

有限公司首席健康官

北京崔玉涛育学园诊所院长

2019 年 5 月于北京

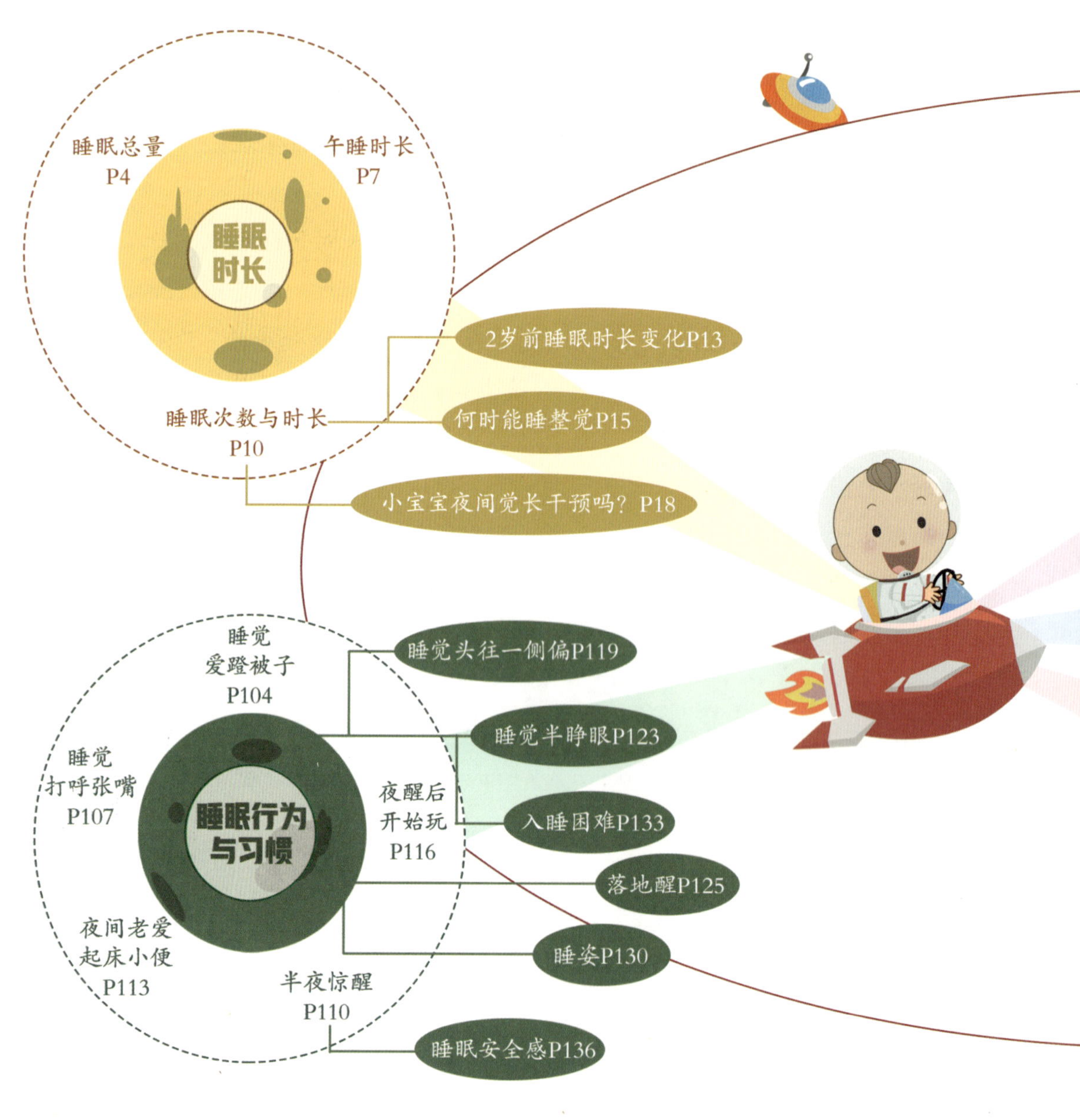
睡眠总量
P4
午睡时长
P7
睡眠时长
2岁前睡眠时长变化P13
何时能睡整觉P15
睡眠次数与时长
P10
小宝宝夜间觉长干预吗？P18
睡觉
爱蹬被子
P104
睡觉头往一侧偏P119
睡觉半睁眼P123
睡觉
打呼张嘴
P107
睡眠行为与习惯
夜醒后
开始玩
P116
入睡困难P133
落地醒P125
夜间老爱
起床小便
P113
睡姿P130
半夜惊醒
P110
睡眠安全感P136

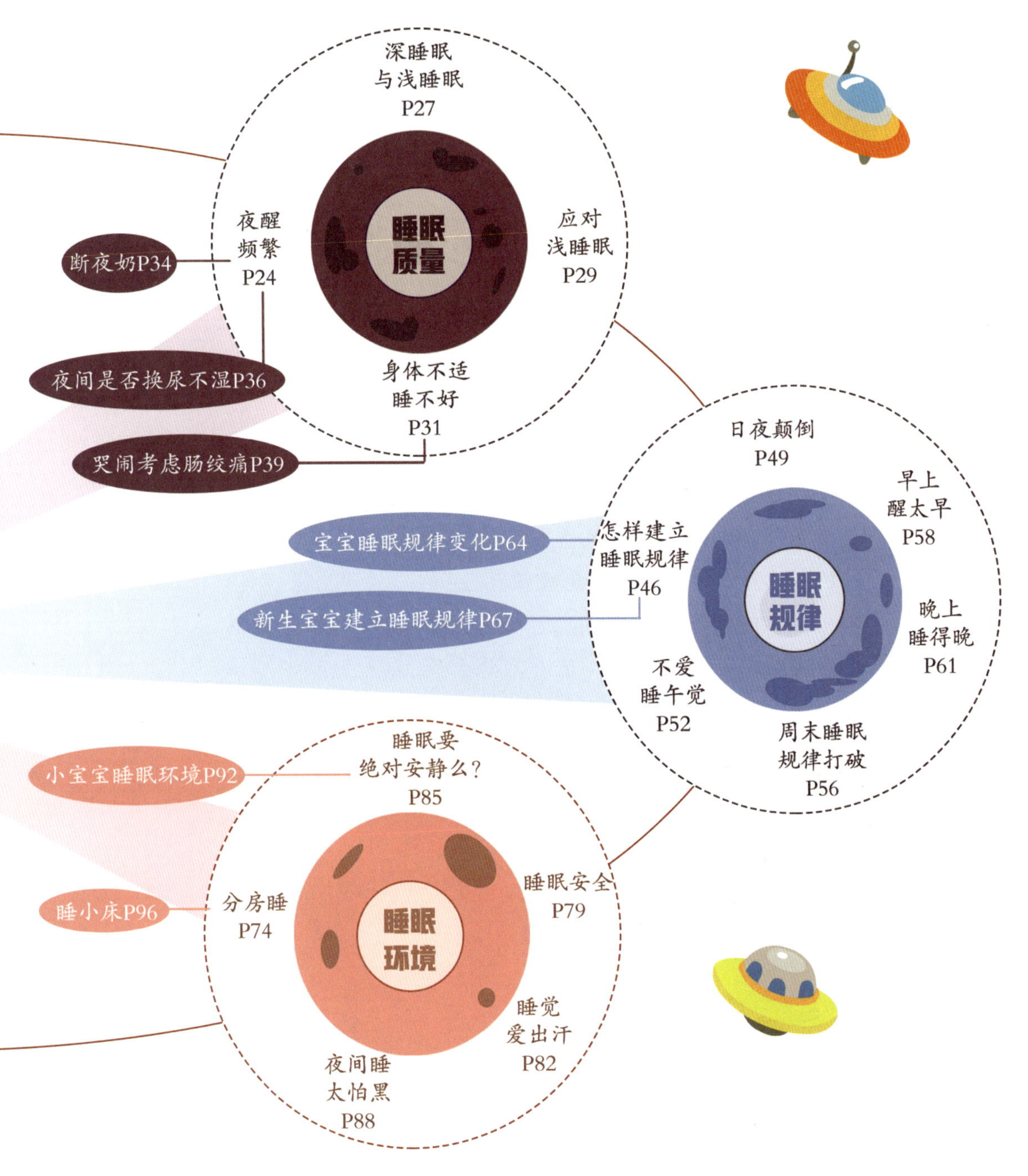
深睡眠
与浅睡眠
P27
睡眠
质量
夜醒
频繁
P24
应对
浅睡眠
P29
断夜奶P34
夜间是否换尿不湿P36
身体不适
睡不好
P31
哭闹考虑肠绞痛P39
日夜颠倒
P49
早上
醒太早
P58
怎样建立
睡眠规律
P46
宝宝睡眠规律变化P64
睡眠
规律
新生宝宝建立睡眠规律P67
晚上
睡得晚
P61
不爱
睡午觉
P52
周末睡眠
规律打破
P56
睡眠要
绝对安静么?
P85
小宝宝睡眠环境P92
睡眠安全
P79
分房睡
P74
睡小床P96
睡眠
环境
睡觉
爱出汗
P82
夜间睡
太怕黑
P88

CONTENTS

目录

Part 1 睡眠时长

Part 2 睡眠质量

Part 3 睡眠规律

Part 4 睡眠环境

Part 5 睡眠行为与习惯

睡眠质量

睡眠环境

睡眠时长

睡眠行为与习惯

Part 1 睡眠时长

睡眠时长

随着宝宝长大，每天的睡眠从原来的 16—17 个小时变到现在只有 12—13 个小时，白天小睡的时长和次数也降低了。

奶奶总是感到焦虑，觉得宝宝睡得太少了，不养脑子。

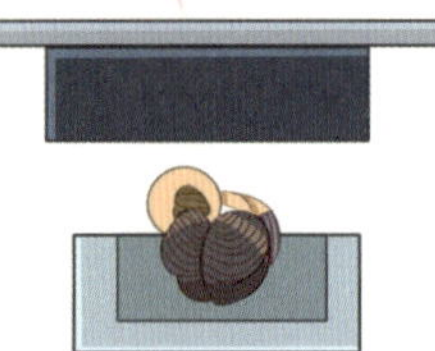

我发现我家宝宝不论吃饭、玩耍还是生长发育，一直很正常，所以，我决定让他按照自己的节奏来。

我专门去查了资料，发现在睡眠时长方面，不同的孩子差别还很大。

我曾试着强迫宝宝多睡，最后大多以我和他一起情绪崩溃收场。

医生点评

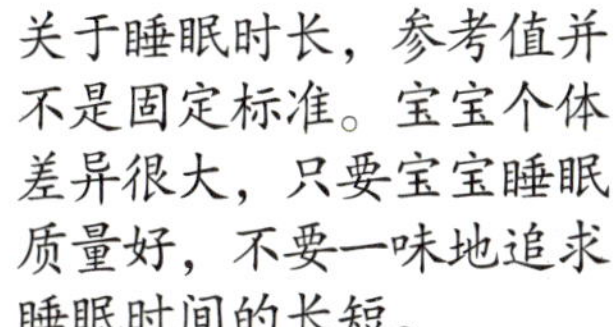

关于睡眠时长，参考值并不是固定标准。宝宝个体差异很大，只要宝宝睡眠质量好，不要一味地追求睡眠时间的长短。

由于深睡眠所占的比重越来越高，宝宝睡眠质量越来越好，那么自然所需的时长也就相应缩短了。

随着宝宝的长大，生理对睡眠时长的需求会经历一个日趋减少的过程。

如果睡眠不足已经影响到宝宝生长发育，就应该找出具体原因，针对问题去解决。

可以根据宝宝醒后的情绪、饮食和生长发育情况，来判断宝宝的睡眠是否足够。

宝宝睡眠总时长多久最合适

★ 一般而言，从平均数上来说，2岁宝宝每日睡眠时长约12个小时，但不代表每个宝宝都必须按照这个时长来睡，家长可以根据自己宝宝的实际情况做调整。

★ 足够的睡眠时间是宝宝健康成长的基础。人体的生长激素大部分是在睡眠过程中分泌的。睡眠不足会让生长素分泌减少，影响宝宝的身体发育。

★ 另外，当宝宝睡着时，大脑皮质的神经细胞处于保护性抑制状态，能够得到能量和血氧的补充。通过睡眠消除疲劳之后，它就具有更高的兴奋性，促进大脑的进一步发育。

★ 睡眠还可以调节神经系统的功能，改善精神状态，增强人体免疫力。当然，如果宝宝的睡眠质量不好，相应需要的睡眠时长就更长，因此家长应该尽快纠正宝宝的不良睡眠习惯。

★ 对于 2 岁的宝宝而言，虽然在理论上有一个大致的睡眠时长参考数据，但很多孩子的实际情况和这个数据不吻合，这是正常情况。家长不必生搬硬套这个时长，而应总结自家宝宝的睡眠规律。

宝宝午睡该睡多久

如果宝宝接受，也就是宝宝不排斥，就可以让他每天有适当的午睡时间，但要根据宝宝自身的作息规律来安排。

如果白天宝宝活动量大，中途需要一个休息调整的阶段，那么就可以安排宝宝午睡。

有的家长觉得宝宝晚上睡得不好，就强行取消宝宝白天的午觉，这是非常错误的。过分疲劳只会引起宝宝的烦躁不适，让夜间的入睡变得更加困难。

如果宝宝白天毫无困意，家长强行让宝宝午睡，把这个当成任务，不仅会扰乱夜间睡眠，还会使宝宝对“睡眠”这件事情产生抵触。

- 每天午饭后，如果宝宝有困意，可以让宝宝小睡一觉来恢复精力，时间依宝宝情况而定。
- 如果宝宝刚从白天睡两觉转变成睡一觉，那么可以适当提前午饭时间，以便让宝宝能尽早午睡，帮助宝宝适应新节奏。
- 不要让宝宝太晚午睡，以免醒得太晚导致晚上入睡时间拖延至深夜。

- 根据宝宝的实际情况，如果午睡时间过长，比如超过3个小时，很可能影响晚上睡眠；那么最好在适当的时间以轻柔的方式唤醒宝宝，不要让午睡影响到夜间睡眠。

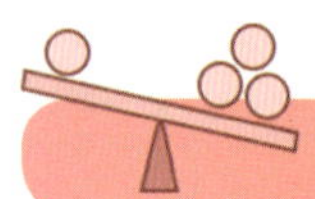

怎么平衡睡眠次数与时长

◆ 相比睡眠总时长，家长更应关注宝宝睡眠的质量，包括每次睡眠时长和每天睡眠次数的合理搭配。

- 由于夜奶、夜惊、排尿等原因，有些宝宝的夜间睡眠被分割成多次。
- 白天的午睡也可能因为规律没有建立好，变得十分破碎且不规律。
- 多段次、短时间、不规律的睡眠，即使看起来睡的总长似乎够了，但实际上宝宝并没有高质量的睡眠。这对于生长发育是不利的。

- 如果可以，建议宝宝每天有一次午睡，持续时间以宝宝接受度为主，一般在 1~3 个小时。

- 如果宝宝午睡时间过短，家长可以采取加大宝宝白天活动量、适当推迟午睡时间的方式，来帮助宝宝做调整。如果午睡时间过长，影响夜间睡眠，则应该提前午睡时间，并在必要时用温和的方式唤醒他，比如放一些舒缓的音乐等。

- 宝宝夜间睡眠如果不够连续，家长应找出原因。如果是夜奶造成，应该及时断掉夜奶。如果不是夜奶造成的夜醒，则应考虑宝宝的睡眠环境是否舒适、温度是否合宜、铺盖是否恰当、身体有无不适以及是否存在大人的过分干扰等。

- 如果宝宝白天的小睡时间短，或者干脆不睡觉，但并不影响情绪和夜间睡眠，家长也不必过于教条，应遵循宝宝自己的睡眠规律。

2 岁前宝宝睡眠时长的变化规律

随着月龄的推进，宝宝睡眠时长的总体趋势是逐渐缩短的。由于个体差异很大，所以不能教条地按照所谓的标准时间去判断宝宝的睡眠时长是否正常。

20~22小时

15~18小时

14~16个小时

13~15个小时

12~14个小时

- 左面所列的时间只是一个平均值，每个宝宝都有自己的特性；因此，家长根本没必要完全按照标准衡量宝宝睡得够不够，也不必去和其他同龄小朋友做比较。
- 家长应该观察宝宝在清醒时精神是不是非常好，饮食情况是不是正常，生长曲线是不是正常。如果这三点都没问题，就不用太刻意去关注宝宝睡眠时长。如果真的是睡眠不足影响了宝宝的情绪和生长发育，那么就需要找到造成睡眠不足的具体原因，对症下药了。

宝宝什么时候能睡整觉

1
我真的好累啊，夜里还要起来喂好几次奶。

2
来，妈妈喂奶。

3
宝宝不哭，妈妈拍拍睡觉觉。

4
不哭不哭，妈妈抱起来走一走。

5
哎？天都亮了！
Z z

6
宝宝什么时候才能睡整觉啊？

宝宝学会睡整觉，对于建立良好的睡眠规律极其重要，睡整觉不但意味着戒掉了夜奶、不需要被动安抚等，也意味着宝宝获得了“接觉”的能力，实现了深浅睡眠之间的自主过渡，有利于提高整体睡眠质量。完整的夜间睡眠，可以让宝宝的身体获得充分的休息和调整，刺激生长激素的分泌，促进宝宝的生长发育。

- 事实上宝宝从满月开始，生理上就已经具备了连续 4 小时不吃奶的基础，所以如果纯粹从月龄角度看，有的宝宝两三个月就可以睡整觉也不奇怪。
- 但不可否认的是，睡整觉和宝宝个体差异有很大关系，因而并没有统一的标准。而睡整觉主要还是靠家长根据宝宝特性进行引导。
- 事实上究竟什么时候必须让宝宝睡整觉，与家长对宝宝夜醒的承受能力，以及夜醒是否对宝宝的正常作息、生长产生了不利影响等因素有关系。应该说在条件允许、宝宝能够接受的情况下越早越好。

小宝宝夜间一觉时间长，是否需要干预

尽可能遵循宝宝的睡眠规律，不要过多干预。

★ 经常叫醒宝宝喂奶，不但会引发睡眠障碍、到点儿就醒的问题，还会影响宝宝自主入睡、自主“接觉”等能力。

★ 饥饿感可以说是宝宝最基本的生存本能，宝宝知道自己什么时候饥饿，就像宝宝天生就知道如何吮吸一样。

★ 一般情况下，健康的宝宝不会因为睡觉而把自己饿坏。即便是低血糖的宝宝因为身体不适而醒来，甚至哭闹，也不可能直接饿晕过去。

★ 所以，如果在睡眠中，宝宝并没有主动醒，那么证明他并没有很强烈的饥饿感，不需要进食。家长应该尽量保护这种完整睡眠。

4
5
6
1
2
3

Part2 睡眠质量

睡眠质量

我认为由夜奶造成的频繁夜醒，很影响睡眠质量，所以果断把夜奶断了。

现在我家宝宝半夜几乎不醒，一觉睡到大天亮。

随着夜奶的结束，宝宝就开始能睡整觉了。夜晚尽量不要干扰他，即使偶尔有动静，也让他自己“接觉”。

现在我家宝宝成了大家眼中的睡眠天使。

其实，宝宝有过一段时间的睡眠问题，半夜醒了总要吃奶，但每次都吃得非常少，感觉宝宝夜醒并不是因为饿。

医生点评

夜奶的习惯往往会持续到宝宝很大的时候，更有甚者，会有愈演愈烈的趋势，很可能会严重干扰宝宝的睡眠质量。

即使是刚满月的宝宝，其实也可以承受4小时不吃奶。大多数的夜奶和夜醒，是一种基于心理定式而形成的习惯。

如何让宝宝获得高质量的睡眠，是家长不可忽略的养育技巧。

无论营养供应多么充足，如果宝宝夜醒太过频繁，没有良好的睡眠，生长发育一样会受到影响。

如何应对夜醒频繁

➤ 宝宝频繁夜醒，首先应寻找宝宝夜醒的原因，排除疾病因素后，进而纠正宝宝夜醒的不良睡眠习惯。

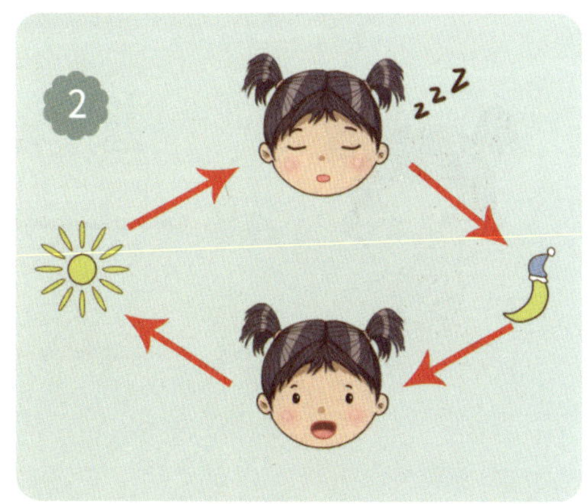

★ 频繁夜醒会降低宝宝的整体睡眠质量。

★ 频繁夜醒不利于建立宝宝正常的睡眠规律，夜间睡眠不足势必让宝宝白天的睡眠时间增加，而白天睡得过多又反过来继续加重夜间的睡眠问题。

★ 宝宝夜醒频繁也会严重影响大人的睡眠，造成大人白天精力不足，无法保证正常的工作生活状态。

★ 如果是夜奶造成的频繁夜醒，宝宝会形成一种心理依赖。大人长期放任这种依赖，除了不利于生长发育，也不利于宝宝的心理健康。

夜奶造成的夜醒

可以通过拉长两顿夜奶之间的间隔时间等措施，逐渐让宝宝断掉夜奶。在此过程中，切忌断断停停。一旦家长不坚定，夜奶会更加难断。

不良睡眠规律造成的夜醒

宝宝的睡眠应该以夜间睡眠为主，白天的睡眠只是一种补充，因此白天睡觉的时间不能过长，以1~3个小时为宜。也不要安排在靠近傍晚的时候，应以不影响夜间睡眠为原则。

疾病因素

注意观察宝宝日常饮食、排便情况，排查宝宝是否有胀气、便秘或呼吸不畅的因素。如果有，应该通过改善不适症状来让宝宝获得安稳的睡眠，必要时就医寻求帮助。

认识宝宝的深睡眠与浅睡眠

- 如果宝宝在深浅睡眠过渡的时候，或者浅睡眠期间，出现偶尔的哼哼声、翻身等行为，家长就急于拍、哄等，那么很可能将宝宝彻底叫醒，影响他进入深睡眠。深睡眠直接影响宝宝的睡眠质量，因此，应该不打扰并培养宝宝的深睡眠。

深睡眠与浅睡眠

- 人的睡眠主要分为两种状态，一种是深睡眠，也叫非动眼睡眠（NREM），不易被唤醒；另一种是浅睡眠，也叫动眼睡眠（REM），很容易受到外界的干扰。
- 人入睡时会在深睡眠和浅睡眠之间不停交替。
- 宝宝刚出生的时候，他的深浅睡眠在整个睡眠中的比例是 1∶1，而且交替得非常频繁。随着年龄的增大，宝宝深睡眠所占比例会越来越大。但因为深睡眠时的睡眠质量更高，所以就算没有以前睡得时间长，但也同样能达到解乏的效果。

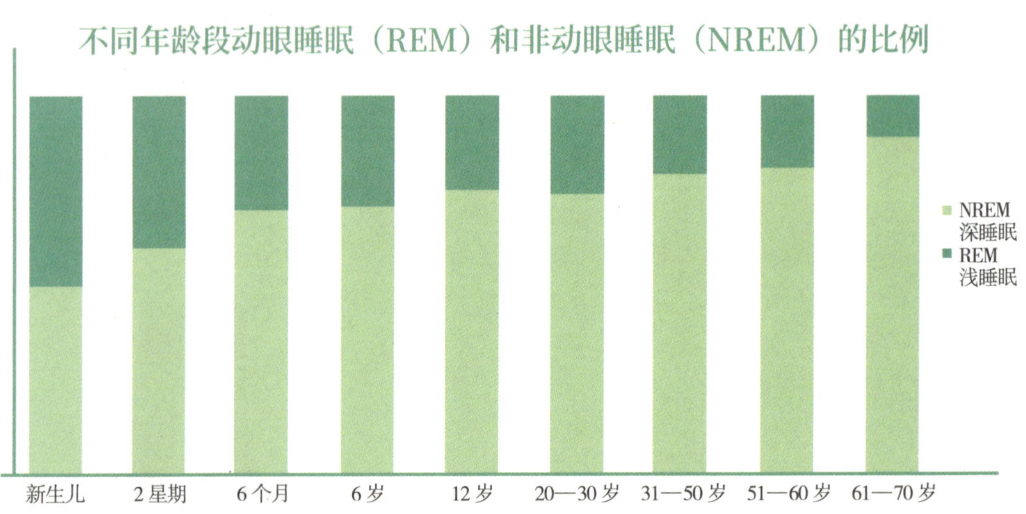

如何应对宝宝的浅睡眠

- 当宝宝处于浅睡眠状态时，家长不应过多干预，以免宝宝彻底醒来。
- 正常情况下每个人都是可以完成从浅睡眠到深睡眠自然过渡。但如果家长在宝宝浅睡眠的时候，总是人为干涉，会很容易让宝宝彻底醒过来。这样时间一长，宝宝养成习惯，没有特定的安抚行为，就无法进入深睡眠，不利于形成自主入睡的好习惯。

♣ 宝宝在睡眠过程中，如果出现一些小的动静或发出哼哼唧唧的声音，大人可以先不要给予回应，观察一下宝宝的动静。

♣ 如果宝宝只是短时间有动静，那么家长可以装睡，让宝宝尝试自己继续睡。

♣ 如果宝宝的动静越来越大，那么大人可以查看一下是否有过热、过冷、大便或者其他导致宝宝不适的情况，及时排除。

♣ 如果没有这些情况，宝宝依旧动静大，可以适当地轻轻安抚，避免宝宝因为动静太大甚至哭闹而彻底醒过来；但注意不要拍得过重、抱起来摇晃、唱催眠曲等。这样既容易让宝宝醒过来，也容易让宝宝对安抚过程产生强烈的记忆，形成不安抚不入睡的习惯。

宝宝翻来覆去睡不实

★ 如果宝宝翻来覆去睡不踏实，甚至哭闹，家长应及时查看是否因为身体不适，排查不适的情况，针对性地缓解或治疗身体不适，以帮助宝宝获得良好的睡眠。

★ 胀气、便秘等问题，白天会因为注意力转移而被宝宝忽视，但到了晚上睡觉的时候，这些不适感可能就表现得比较明显了，造成宝宝睡不踏实的情况。这不但影响睡眠，胃、肠道方面的问题还会影响消化吸收。

★ 呼吸不畅不仅影响睡眠质量，严重时甚至会造成宝宝呼吸暂停等情况。此外，宝宝还可能会因为张口呼吸而导致面容发育异常，影响宝宝将来的容貌。

腹胀气、便秘等不适

平时可以多观察宝宝是否有肚子鼓胀、大便干燥、排便费力的表现。如果有的话注意调整饮食结构，多吃一些含有纤维素的食物，也可以遵医嘱使用益生菌缓解症状。

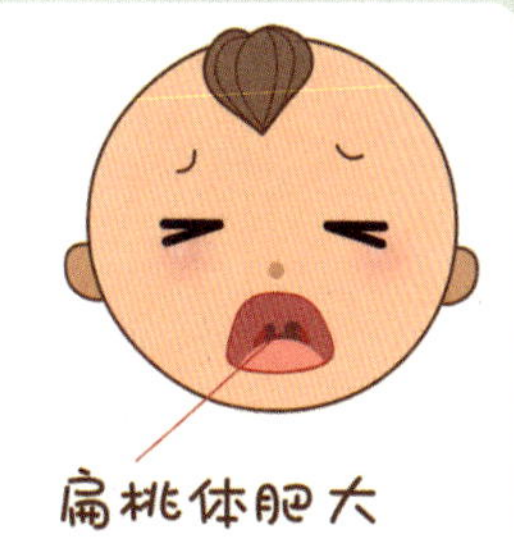

呼吸不畅

除了因感冒引起的鼻塞比较容易发现，宝宝睡觉时如果有张口呼吸的情况，很可能是有扁桃体或腺样体肥大的问题，最好到医院检查确认，根据医生的建议进行治疗和护理。

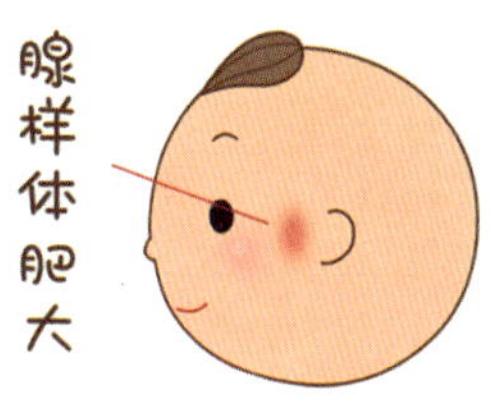

如何给宝宝断夜奶

- 过于频繁的夜奶，很大程度上只是一种安抚物，并非营养需求，会让宝宝在心理上对夜奶产生不健康的依赖。这不但不利于建立良好的睡眠规律，获得高质量的睡眠，也打乱了宝宝正常的饮食规律，不利于营养的吸收利用。因此，关于宝宝断夜奶，可以循序渐进地进行引导，但家长要保持坚决果断的态度。

晚上确保让宝宝吃饱，可以在睡前给宝宝喝顿奶，避免宝宝真的因为饥饿而在夜间醒过来。

可以改成晚上让其他家庭成员陪宝宝睡觉。快到宝宝习惯吃夜奶的时间，妈妈可以主动去喂奶，让宝宝内心确认，不用妈妈必须在身边、不用总是醒来，也一样会有奶吃。

宝宝习惯后，妈妈可以开始小幅度拉长两次夜奶的间隔时间。拉长到一定程度后，取消其中一次夜奶，这样一直操作到宝宝可以很少直至完全不吃夜奶。

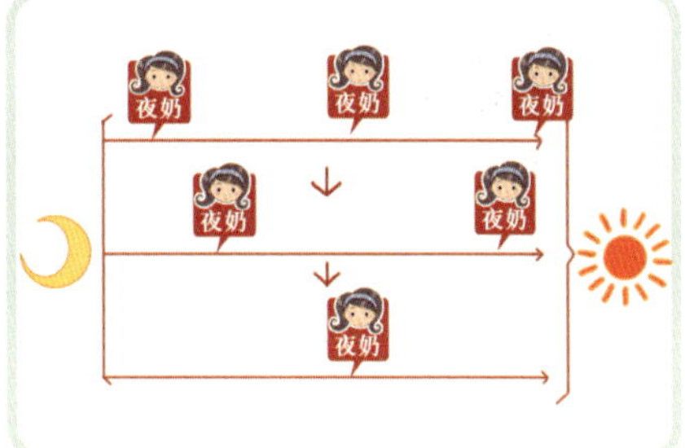

断夜奶的时候要给宝宝足够的适应时间，不要急于求成。但需要家长态度坚定，不要断一段时间，又吃一段时间，这样对宝宝来说反而更难接受。

夜间是否需要换纸尿裤

♣ 给孩子换纸尿裤的基本原则：小便可以不换，大便要及时换、同时尽可能确保宝宝睡眠的完整。

♣ 宝宝的夜间睡眠，实际上会经历深浅睡眠之间的不停交替。而在浅睡眠阶段，是很容易受到入睡困难等问题，影响睡眠的完整性。事实上现在大多数的纸尿裤都能在宝宝排尿后保持干爽，所以完全没有必要因为宝宝尿了，家长就半夜更换纸尿裤。

♣ 很多家长觉得夜间宝宝有些哼唧或翻滚的动静，是因为尿湿了不舒服，但往往不是这么回事。很大可能是因为宝宝处于浅睡眠，正在试图自己进入深睡眠的过程。此时，总去干扰宝宝，反而容易让他在深浅睡眠的过渡上出现障碍。

♣ 但是，如果宝宝夜间大便了，就要及时更换。由于纸尿裤无法吸收隔离大便，宝宝的皮肤如果长期接触粪便，很容易引发红屁股或者其他皮肤问题，此时，需要及时为宝宝更换纸尿裤。

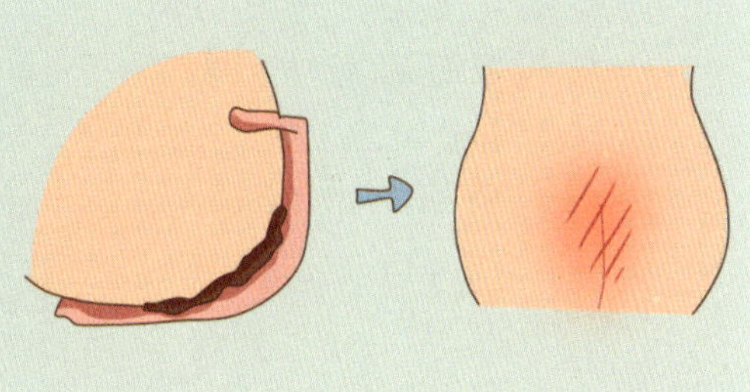

- 如果只是小便的话，只要宝宝没有表现出对纸尿裤极度的不接受，也没有出现尿液外溢的情况，那么半夜就没必要换纸尿裤。

- 如果宝宝半夜大便了的话，还是应该及时更换的，以免宝宝不舒服甚至引发皮肤问题。
- 给宝宝更换纸尿裤时，注意动作幅度要小，并使用低于床水平面的夜灯，尽可能避免宝宝因为动静太大、光线太强而彻底醒过来，影响接下来的入睡。

小宝宝肠绞痛哭闹怎么办

◆ 对于小月龄宝宝，如果出现无缘由的夜间哭闹，在排除其他疾病的情况下，可以考虑是肠绞痛造成的。

◆ 家长夜间面对宝宝哭闹，往往喜欢用喂奶睡来解决，结果却发现宝宝醒得越来越频繁，此时则应考虑是否肠绞痛。

◆ 除了解决不了问题，还很容易让宝宝养成夜奶的习惯，会给将来自主入睡和实现深浅睡眠的自主转换都带来不利影响。

◆ 肠绞痛不能靠频繁吃奶来解决，那只是一种暂时的安抚而已。一旦安抚行为中止，宝宝还是会因为不舒服而哭闹。

- 在排除其他疾病原因，发现宝宝夜间无缘无故地哭闹时，多考虑是肠绞痛。观察宝宝是否有腹胀、肚子咕噜咕噜响或爱抬高腿、放屁等情况。
- 如有以上症状，家长可以尝试在看护状态下，让宝宝趴睡，进行适当的腹部压迫，以让宝宝觉得舒服些；还可以尝试用手在宝宝的肚脐周围做顺时针按摩，要稍稍有一些力度，帮助宝宝排气。此外，适当的束裹、白噪音以及适当的吮吸，也可以在一定程度上缓解腹胀。同时注意，白噪音和吸吮不宜频繁用来夜间安抚，以免形成依赖，而带来夜间睡眠的其他问题。
- 千万不要宝宝一哭闹就喂奶。这容易造成宝宝对奶睡的依赖。

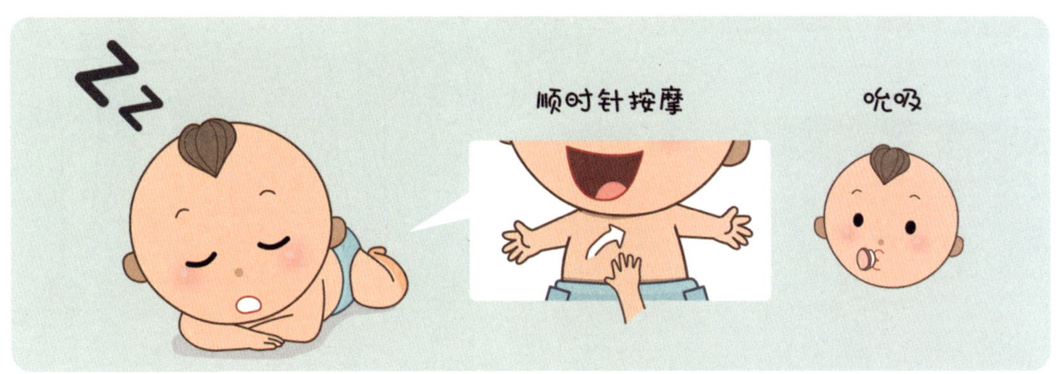

Part3 睡眠规律

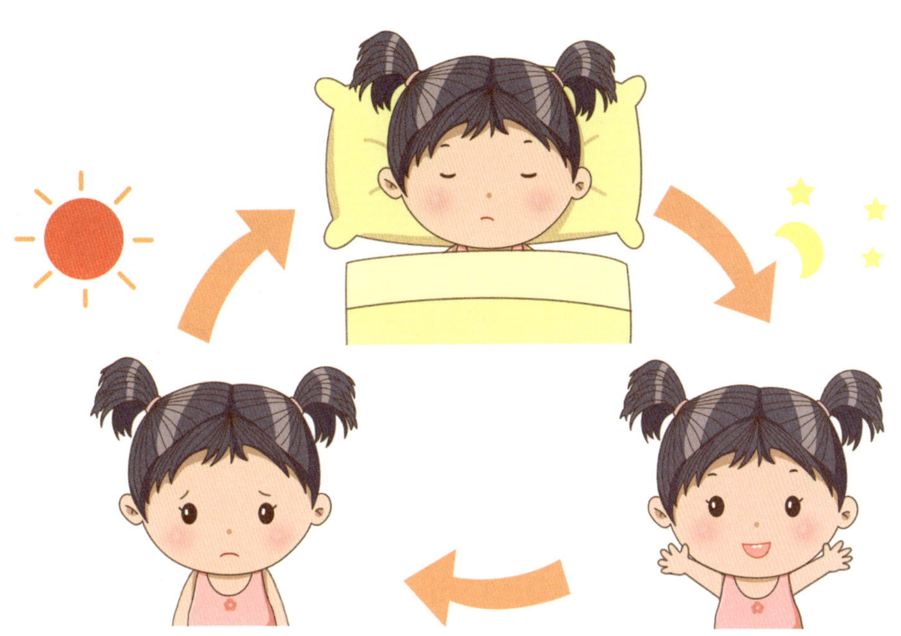

睡眠规律

你家宝宝也2岁多了吧？平时好不好带啊？

是啊，2岁多了，别提了，孩子睡觉不好，可愁死我了。

啊？什么情况啊？

我家宝宝白天下午睡2~3个小时，一般要睡到5点。到晚上就不睡了，有时候强行按到被子里，还得哄1个小时，哄得我自己都快睡着了……

我家宝宝最晚晚上9点多就睡了，你家宝宝没9点睡着过吗？

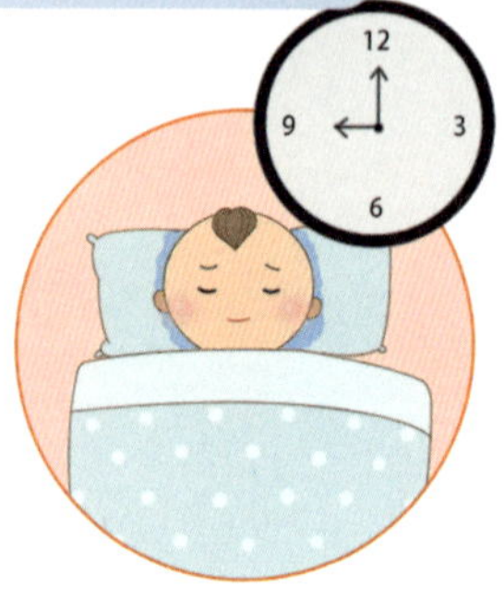

偶尔倒是晚上9点睡，但是睡1~2个小时就会醒，怎么哄都没用，醒后接着玩2个小时。哎！特别担心长时间这样下去会影响孩子生长，真是愁得不行。

医生点评

宝宝午睡时间较晚，晚上过度兴奋，夜间入睡困难，这主要是因为没形成良好的睡眠规律。

多留心观察宝宝的困倦迹象，逐渐提前午睡、夜间就寝的时间，然后长期坚持。

可以把睡眠规律理解为孩子逐渐形成的比较固定的睡和醒的模式，是以宝宝内在的生理需求为基础的，受家庭环境、睡眠习惯的影响。

当宝宝作息时间与其内在的生物节律相吻合时，入睡问题会随之得到缓解。

当宝宝作息规律与内在生理需求相违背时，会出现入睡困难、夜醒频繁、早醒等睡眠问题。

睡眠规律十分重要。对于婴幼儿而言，良好的睡眠规律有助于提高睡眠质量，对宝宝的生长和大脑发育都有着重要影响。

给宝宝建立合理的睡眠规律

- 具体何时入睡、何时醒来，其实是因人而异的。重要的是关注孩子 24 小时内的全天睡眠情况、平时的精神状态，以及生长发育情况。
- 如果宝宝的睡眠规律合理，那么他睡醒时应该精神好，白天玩耍时精力充沛、情绪好，而且注意力和专注力较好。

- 有些家长生活节奏快，晚上下班后往往也会忙自己的事情，并没有固定时间规定孩子什么时候上床睡觉。当家长想起提醒孩子上床睡觉时，孩子可能还不困倦，或者是因为疲惫过度而精神亢奋。

- 有些家长常常出于补偿的心理，周末带孩子玩，做特别刺激剧烈的活动。这往往违背了孩子内在的生理需求。如果这种情况持续时间久了，势必会影响宝宝的睡眠时间和睡眠质量，造成睡眠缺乏，不利于生长发育。
- 2 岁宝宝睡眠总时长一般为 12~14 个小时。其中大多数宝宝会有一次午睡，持续 1~3 个小时。夜间及午睡的就寝时间，跟家庭作息习惯和宝宝的接受程度也有很大关系。如果宝宝已经养成了良好的睡眠习惯，夜间偶尔会醒一次，但不会频繁夜醒。

- 规律本身就有类似条件反射的引导作用。家长宜给宝宝制定一套固定、有序的睡前程序，在每天相对固定的时间，引导宝宝平静下来，逐渐进入睡眠状态。
- 夜间的睡前程序，可以是这样：洗澡——刷牙——上厕所——穿睡衣——读绘本——互道晚安——关灯睡觉。家长也可依据具体情况，来制定宝宝喜欢的睡前程序。
- 午睡的睡前程序，可以安排得简短些，比如和孩子一起读绘本，抱一抱，然后让宝宝躺下睡觉。
- 关于睡前程序，最重要的是尽量在固定的时间、用相同的顺序做同样的事。即使是周末，也要合理计划一天的喂养和玩耍时间，避免与睡眠时间冲突。

宝宝日夜颠倒怎么办

- 解决宝宝睡眠日夜颠倒的问题，主要从两方面入手：
- 一是在尊重孩子的前提下，按照正常的生活睡眠规律去引导；
- 二是家长要以身作则，为孩子树立良好的榜样，身体力行，做好表率。

★ “晚上不睡，白天睡”的睡眠模式不符合孩子的正常生理节律，容易造成孩子睡眠质量低下。尽管一天的睡眠总时长是相同的，但是睡眠质量可能存在很大的差别。同时这也不符合成人的作息规律，也会给整个家庭带来作息紊乱和负担。

★ 白天多带宝宝做户外活动，释放宝宝多余的精力。多数孩子晚上不睡，是由于没能在白天充分释放精力。

★ 创造昼夜分明的睡眠环境。阳光的照射有助于建立昼夜节律。白天宝宝睡觉时不要拉窗帘，家人也不要轻手轻脚，而要正常活动。相对嘈杂的家庭活动，能让宝宝睡得不那么深、那么久。

- 晚上睡觉时，拉上窗帘，关掉灯光，促进褪黑素的分泌，让宝宝自发地困倦起来。如果宝宝一时难以接受，可以采取读绘本、讲故事等措施，引导宝宝进入睡眠状态。逐渐把宝宝紊乱的昼夜生理节律，调整到正常状态。
- 家长以身作则，给宝宝树立健康睡眠规律的榜样。
- 家长应该和宝宝同时上床休息。如果有重要的工作，可以等到宝宝睡熟后再起来处理。
- 如果宝宝晚上醒来找家长，家长可以暂时不应答，看他是否会自己回去睡觉。
- 不得已回应时，要表现出困倦，告诉宝宝现在是睡觉时间。同时控制情绪不要发火，因为家长的愤怒会让孩子的情绪兴奋起来。

宝宝不爱睡午觉怎么办

- 需要明确的是，孩子中午睡不睡午觉并不重要，重要的是关注孩子全天的睡眠情况，以及清醒时的精神状态和生长发育情况。

- 对于很多宝宝来说，中午休息一段时间，能够帮助他恢复精力。这不但有助于提高宝宝学习、探索世界的效率，还有助于改善宝宝的情绪，让他保持好心情。

- 但是如果宝宝就是不喜欢睡午觉，并且也没有影响白天的情绪状态、夜间睡眠、饮食状态以及生长发育，那么也没必要非得强迫宝宝午睡。因为强迫可能会造成宝宝对睡眠的抵触，形成心理压力，往往适得其反。

- 尽量给宝宝制定固定的睡前仪式，程序可以比晚上的睡前仪式简短些，比如讲个故事，抱一抱等，然后让宝宝躺下睡觉。

- 每天午睡时间要固定，尽量做到雷打不动，比如每天午饭后，和宝宝一起读个绘本，然后午睡。时间长了，宝宝就会形成习惯，在午饭结束后主动找绘本。因为他已经把午饭、读绘本和睡午觉这三件事联想在一起。到什么时间就做什么事，这种规律性的动作能帮助宝宝更加顺利地接受午睡这件事。

- 不要给宝宝看电视或使用平板电脑，特别是在午饭前后。这可能会使宝宝处于相对兴奋的状态。

如果宝宝上午在游乐场有一些刺激性项目，结束后家长最好能安排一些较为安静的活动，让他的情绪逐渐平缓下来，避免过度刺激。

周末睡眠规律被打破怎么办

♣ 周末要尽量遵循平时的作息规律。周末活动要注意张弛有度，剧烈活动之后，要安排一段较为安静的时间，避免宝宝长时间处于过度兴奋状态。同时合理安排外出时间，尽量和睡眠时间错开。

♣ 周末家长终于有大块时间陪伴宝宝，于是经常出现宝宝周末太过兴奋、平时的作息规律被打破的情况。其实这种情况非常不利于宝宝健康睡眠规律的养成，长远看来，也不利于宝宝的生长发育。

♣ 一般来说，一天只安排一两项活动就可以了，避免在多个地点奔波，以免造成宝宝过度疲劳。合理安排周末活动。活动安排要符合孩子的承受能力，切勿贪多贪刺激。如果中午无法带宝宝回家，也可以安排宝宝在外面小睡一会。

♣ 如果带宝宝去亲戚朋友家做客，千万不要因为不好意思而让宝宝硬撑着。到了孩子平时的睡觉时间，可以提前和亲朋打个招呼，然后带宝宝到安静的房间，尽可能地遵循平时的睡前程序，让宝宝按时入睡。

早晨醒太早怎么调整

★ 如果宝宝早上 6 点之前醒来而且不再接着睡，我们称之为早醒。一般来说，早醒现象在夏天会比冬天更加突出。

- 如果宝宝醒得太早，不能跟家人同步，那么家长可能会特别辛苦。宝宝早醒，就意味着家长也必须跟着起床。不符合家庭及社会作息的睡眠行为，无疑会对生活产生不良影响。
- 早醒的原因很多，家长应该根据宝宝早醒的原因，采取针对性的措施。比如是否因为家庭环境因素，或者是宝宝自身因素。只有明确了具体的原因，才能解决这个问题。宝宝和家人有一个合理的起床时间，才能确保一天的精力。

- 试一试使用遮光窗帘，遮挡住清晨的阳光，尤其是在夏天，天亮得比较早；或者窗外路灯比较亮的情况下，以免光线进入室内影响宝宝的生物钟，促使宝宝醒来。
- 如果家里有人需要早起，避免与宝宝同屋，即使不在一个房间，也应轻声行动，尽量别发出太大动静，以免吵醒清晨基本就处于浅睡眠的宝宝。

★ 试着把宝宝夜间入睡时间推迟 15~30 分钟，看看是否有所帮助。然后隔几天后再推迟 15~30 分钟，直到宝宝的早上起床时间与家长预期以及家庭习惯相符。

★ 对于习惯性早醒的宝宝，上午尽量不要或者少让他补觉。对于 2 岁的宝宝来说，上午的小睡其实就是回笼觉。事实上它是对夜觉的一种补充。如果宝宝知道上午还可以接着睡，早上自然会醒得早，这可能也是"早醒"得不到解决的原因。因此，建议将午睡安排在午饭之后。

晚上明明很困却拒绝睡觉

- 宝宝白天的活动应张弛有度，晚饭后不要做剧烈的活动，家长及时识别宝宝的睡眠信号，让宝宝形成睡眠习惯，正常入睡。

- 明明很困，宝宝却仍然拒绝睡觉，不仅会打乱宝宝日常的睡眠规律，影响睡眠，还会在情绪上引起波动，全家人也会因此过于疲惫，可尝试用以下方法帮宝宝做调节。

- 如果白天的活动比较剧烈，那么在剧烈活动后安排一些安静活动。比如宝宝和小伙伴去游乐场跳充气城堡了，那么回家后最好引导他做一些较为安静的活动，来让他的情绪平静下来。
- 识别宝宝困倦的信号。一旦发现宝宝打哈欠、揉眼睛，家长马上引导宝宝进行睡前准备，比如洗澡、读故事等等，调暗或关掉灯光，引导宝宝入睡。
- 睡前避免刺激性活动。从晚饭后开始，不要安排外出活动，尽量在家里带宝宝从事较为安静的活动，比如搭积木和读书等。

- 坚持固定的睡前程序。睡前程序可以让宝宝在潜意识中明白接下来要到睡觉时间了。不要因为他迟迟不睡，就着急略过睡前程序而直接上床入睡。
- 如果宝宝上床睡觉时经常提出喝水、上厕所等要求，你可以先发制人，提前做好准备，主动给他喝水，并在睡前程序中安排上厕所的环节。

宝宝睡眠规律的变化过程

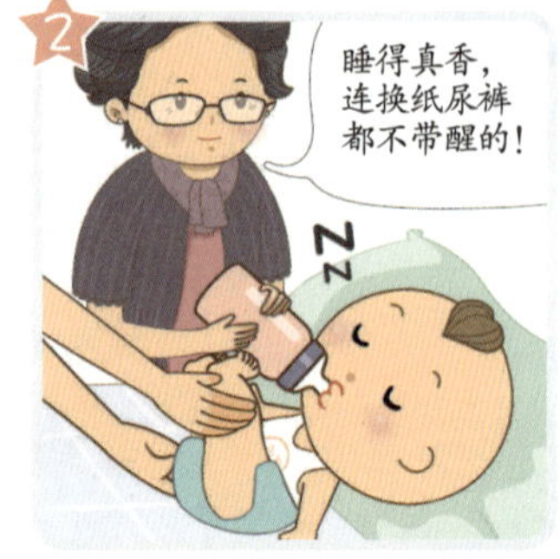

★ 2 岁以内的宝宝睡眠时长和深浅睡眠，有着比较大的差别，因此其睡眠规律也处于变化之中。随着年龄增长，宝宝的睡眠总时长是逐渐缩短的，而深睡眠随着年龄增长而增多。

★ 新生宝宝的昼夜节律和睡眠模式尚未形成，睡眠比较不规律；随着月龄的增长，宝宝白天的小睡次数会逐渐减少，夜晚的睡眠时间和连续睡眠时间逐渐增长，且深睡眠逐渐增加。

★ 一般来说，到 2~3 个月时，宝宝的睡眠会逐渐显示出一定的规律。白天的小睡和晚上的睡眠都会变得相对固定，有些宝宝夜间可以保持 5~6 个小时的连续睡眠。在 3 个月内家长尽早让宝宝明确昼夜的概念。

★ 4 个月之后，宝宝的白天小睡时间逐渐更加规律，一般在三四次，夜间醒来的时间也逐渐固定。

★ 到宝宝七八个月的时候，大部分宝宝都可以做到 5~6 小时的夜间连续睡眠了。甚至有的宝宝能实现 10 个小时的连续睡眠。

★ 大部分宝宝 1 岁左右的时候，除了夜间睡眠，白天基本有 1~2 次的小睡，并逐渐过渡到午后 1 次。

★ 1~2 岁的宝宝，基本有 12~14 小时的总睡眠时长。有的宝宝会有 1~3 小时的白天小睡，有的则不喜欢午睡。只要宝宝生长正常，醒后状态好，饮食正常，这些睡眠情况都是正常的。

★ 连续地记录宝宝的睡眠情况，可以帮助我们甄别是哪些因素影响了宝宝的睡眠，也便于掌握宝宝的睡眠规律。家长需要记录下宝宝每次睡眠的开始和结束时间，以及睡醒后的状态、是否需要喂奶、是否排便等相关情况。

新生宝宝如何建立良好的睡眠规律

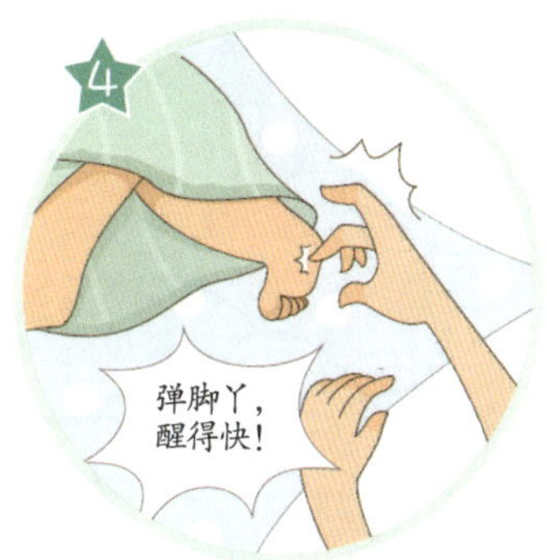

◆ 家长有必要在孩子出生后尽快帮助他形成一定的睡眠规律，也就是我们俗称的“生物钟”。而睡眠规律的建立，和家长意识、家庭习惯都有很大关系。

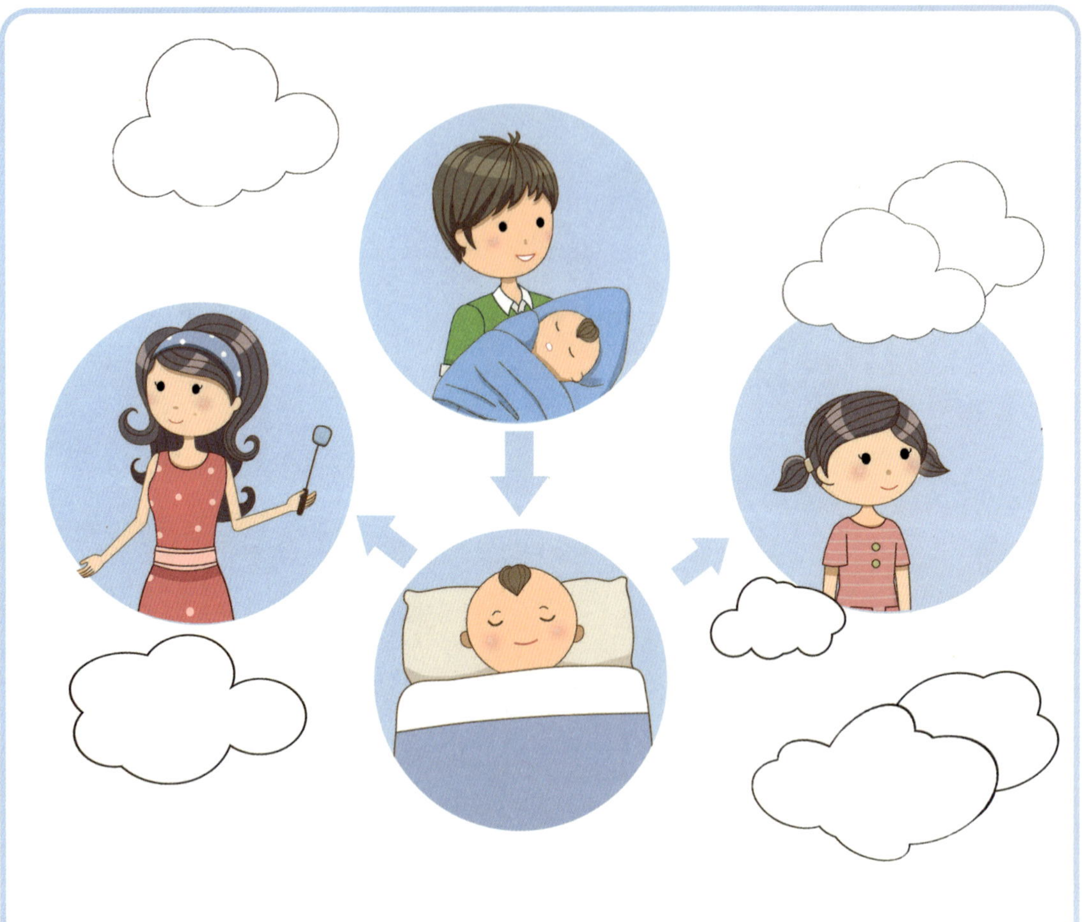

◆ 如果孩子的睡眠没有规律，就会经常出现入睡难、黑白颠倒、夜醒频繁以及与全家人作息时间不符等一系列问题，会给家庭生活带来很多不便，也会影响将来孩子入园以后的适应能力。

◆ 从宝宝刚出生起，就要引导宝宝建立昼夜规律。白天保证室内相对嘈杂、明亮。不管宝宝是否在睡觉，都要拉开窗帘，家人也要正常活动，给宝宝白天的感觉。

◆ 而在晚上睡觉前，要拉上窗帘、关上灯，家人要减少活动，为宝宝创造相对安静的睡眠环境，让宝宝知道夜晚是休息的时间。

◆ 避免人为干扰宝宝的夜间睡眠，包括叫醒宝宝喂奶、对宝宝的小动静过度反应、半夜给熟睡的宝宝换纸尿裤等。总而言之，对待孩子的夜间睡眠，要顺其自然，从出生开始就建立昼夜规律。孩子夜里不醒就不要打扰他，慢慢地自然就养成了睡整觉的习惯。这样，一般在宝宝两三个月的时候，就能慢慢形成昼夜观念，他夜间的睡眠也会越来越安稳。

Part4 睡眠环境

睡眠环境

宝宝和妈妈一起睡，晚上夜奶也方便。

和妈妈一起睡，更容易让宝宝因为依赖夜奶和安抚，养成夜醒的不良习惯。

宝宝太小，没人照顾，不安全。床大，宝宝睡着更舒服，和大人一起睡不孤单，夜里有亮光不害怕。

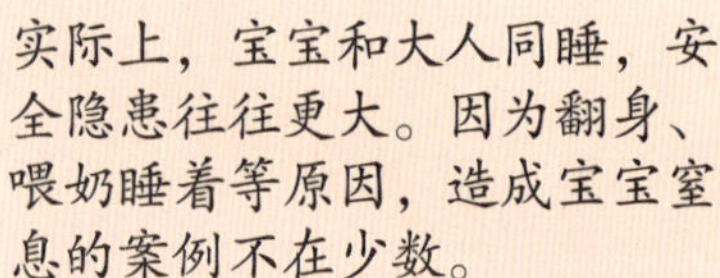

实际上，宝宝和大人同睡，安全隐患往往更大。因为翻身、喂奶睡着等原因，造成宝宝窒息的案例不在少数。

给宝宝营造良好的睡眠环境，尽量让他觉得舒适、安逸，减少恐惧感，宝宝几天适应了后，很容易一觉到天亮，大人再也不用半夜起床折腾了。

医生点评

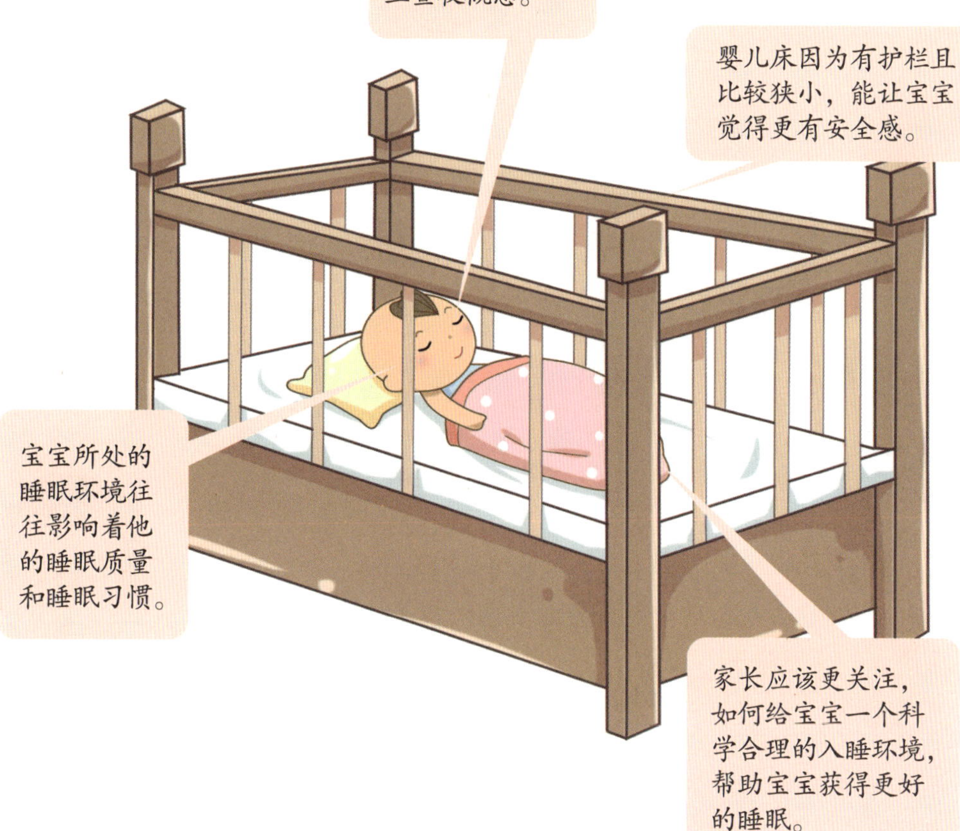
夜晚，给宝宝提供一个相对黑暗、安静的环境，宝宝才能更好地建立昼夜概念。
婴儿床因为有护栏且比较狭小，能让宝宝觉得更有安全感。
宝宝所处的睡眠环境往往影响着他的睡眠质量和睡眠习惯。
家长应该更关注，如何给宝宝一个科学合理的入睡环境，帮助宝宝获得更好的睡眠。

现阶段宝宝应该分房睡了

- 到底什么时候分房睡最合适，并没有绝对标准。这取决于家长的育儿理念，家中的住房条件，以及宝宝是否有充分的安全感，不再有严重的分离焦虑。
- 一般来说，2~3 岁分房睡较为合适。除了此时的孩子已经具备稳定的安全感，这个时候孩子夜间通常不再需要频繁照顾了，即使醒来也能独立应对。

♣ 考虑到我国的育儿传统，在2岁前，为了方便照顾宝宝，家长可以尽量选择分床不分房。

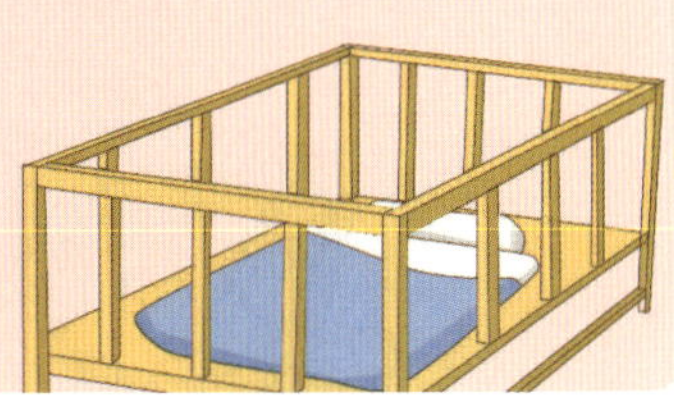

♣ 4~6岁是性别意识发展的重要时期。拥有自己的房间有助于保护孩子的隐私意识，同时孩子也更能体会到父母之间的亲密关系。而且等到孩子6岁以后再分房睡，相对要困难得多。

♣ 分房睡有助于培养孩子的独立性，还能让孩子和家长同时享受更高质量的睡眠。同样重要的是，分房睡后，爸爸妈妈的育儿压力也会有所减轻。这对营造和谐的家庭环境十分重要，有利于宝宝的成长和心理发展。

♣ 选在宝宝身体健康、情绪平稳的时期让孩子尝试分房睡。如果孩子的生活刚刚发生重大变化，比如刚上幼儿园，或是妈妈刚刚离家去上班等，那就等一段时间，等到孩子适应了这一变化之后，再开始执行分床计划。宝宝的承受能力还有限，最好一次只应对一个重大变化。

♣ 帮助孩子做心理暗示，让他把分房睡看作一件愉快幸福的事情。家长可以借助相关主题的绘本，帮他认识睡在自己的房间里到底是怎么回事；还可以带他去拜访有大孩子的朋友家，参观一下“大宝宝”的房间，因为这么大的孩子通常都喜欢模仿哥哥姐姐。

♣ 约定一个特殊的日子，在日历中标注出来。以骄傲的口吻告诉孩子，到了那一天，他就拥有自己的房间了！并时常提醒孩子这个特殊日子正日益临近。仪式感可以调动起孩子对这件事情的期待。

♣ 让宝宝积极参与房间的布置，比如让他自己挑选床单和台灯。孩子一般都比较喜欢住在自己精心布置的房间里。

♣ 如果孩子有自己的安抚物，比如他走到哪里都要抱着的小熊或小毯子，那么它就能帮上大忙。安抚物能帮助孩子战胜孤单和害怕的情绪。分房睡后，仍要坚持他之前的睡前程序，和他一起读绘本、唱儿歌，然后关上台灯在黑暗里陪他坐一小会，让他感到温馨愉快。

♣ 在宝宝睡着前，离开他的房间。如果他要求开着门，完全可以给他留一道门缝，让他能看见外面微弱的亮光。同时告诉他，如果他需要帮助，只要叫一声，你马上就能过来。你的回应一定要及时，以便给孩子安全感，让他明白你虽然不在他的房间里，但是永远都在陪着他，这样他反而不会频繁叫你了。

- 如果孩子突然反悔，不肯自己睡了，可以继续通过看绘本的方式鼓励他。但如果宝宝还没有做好充分的准备，也可以等等再试。
- 最后提醒，分房睡的前提是已经分床睡。如果宝宝还在和爸爸妈妈同睡一张大床，那就先从分床睡开始，等宝宝完全适应了分床睡后再考虑分房睡。

宝宝的睡眠安全怎样保障

▶ 2岁宝宝的活动能力已经相当强大，好奇心和探索欲极强，但是对危险的预知能力还十分有限。因此，在保证宝宝房间舒适的同时，安全防护问题仍然是重中之重。

▶ 为宝宝选择的床要相对低矮，并摆放在卧室一角，这样两面墙壁就提供了遮挡，另两面最好能有护栏。宝宝的床前还要铺上软垫，以免宝宝夜间跌落受伤。

▶ 宝宝在满 6 岁前，或者睡觉爱翻身，家长不要让他睡双层床的上铺，即使是有护栏的那种也不行。

▶ 为了保证晚上起夜期间的安全，要让宝宝养成睡前收起地上玩具和物品的好习惯，以防夜间绊倒或产生磕碰。

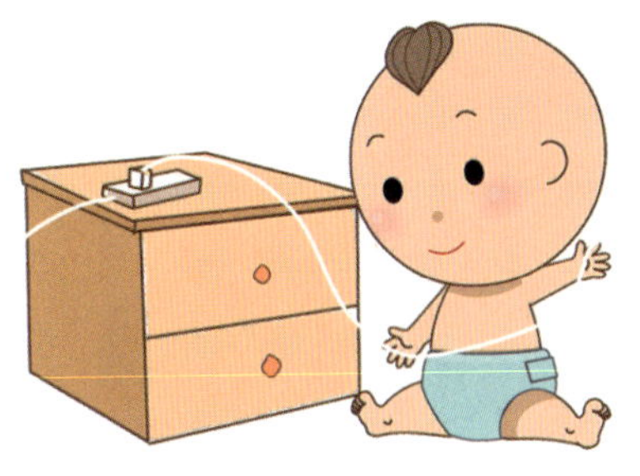

- 收好宝宝房间里的所有线绳（包括各种电线），放到他够不到的地方。窗帘也要选择无线绳的。宝宝的睡衣不要有抽绳，以防不慎勒到宝宝。

- 卧室房门最好安装防夹手门卡。另外，如果卧室门锁带有反锁功能，则应考虑拆除门锁或是采取其他措施，避免宝宝把自己反锁在房间内。

- 宝宝卧室里所有家具都不能摆放在窗口附近，而且窗户要做好防护。
- 此外，不足够稳固的家具都要固定在墙上，以防倾翻压伤宝宝。
- 同时沉重的玩具不要摆放在高处，以防滑落。

睡觉爱出汗是怎么回事

★ 孩子睡觉出汗多，考虑是否室温设置不合适，或铺、盖过厚，可以根据情况适当做调整。大多数情况下宝宝睡觉出汗是正常的，如果调整后仍然出汗过多，需要咨询医生。

空调吹头
侧面
盖厚被子出汗
孩子为什么睡觉时爱出汗？有什么影响吗？
宝宝本身的新陈代谢就比较旺盛，在室温不合适或铺盖过多的情况下，容易让宝宝体感过热，因此难免有出汗较多的情况。出汗后，蹬掉被子，汗液快速蒸发导致体表迅速降温，反而更容易引起着凉感冒。

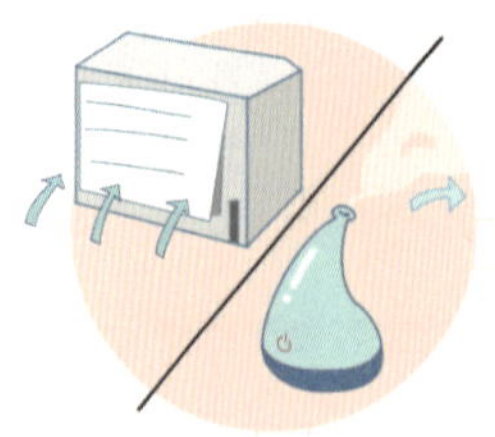

- 根据季节，合理使用空调、暖气调节室温，让室内温度保持在 24~26 摄氏度。使用空调或风扇时，注意调整风向，不要让风直接吹在孩子身上。
- 在湿度过大的季节里，特别是在南方，别忘了打开空调除湿功能，让室内湿度保持在 50% 左右，这是人体感觉最舒适的湿度。
- 还要关注宝宝铺了多厚的褥子。不要给孩子铺不透气的塑料隔尿垫。如果宝宝铺得太厚，或者身下铺有不透气的物品，背部空气不流通，那么即使他光着身子睡觉，背部也会热得出汗。
- 在室温 24~26 摄氏度的条件下，给宝宝穿上轻薄的长衣长裤就可以了，然后盖一条薄被子。被子厚度以宝宝颈背部温热、不出汗为宜。
- 有的家长虽然夏天给孩子铺凉席，但是在凉席上又铺了褥子，这样并不能达到降温的效果。如果调整了室温和被褥厚度后，宝宝睡觉时仍然大量出汗，建议咨询医生，检查是否存在疾病。

宝宝睡时需要绝对安静吗

- 我们要让宝宝适应世界，而不是让整个世界去适应宝宝。
- 宝宝的睡眠环境需要相对的安静，但绝不是无声的；并且夜间和白天的睡眠环境也应该有所不同。白天时大人可以保持正常的活动，只要不发出刺耳的噪音就好；夜晚则应该提供尽可能安静的环境，让宝宝更容易进入深睡眠。这样的环境差异有助于宝宝建立对昼夜的认知，并形成良好的睡眠习惯。

汽车
声音
噪音
蚊子
声音
本身我们所处的环境就不是绝对安静的，即使在夜间，也可能会充斥各种声音。
如果宝宝长期在极度安静的环境下睡觉，对声音的敏感度会越来越高，一点点“风吹草动”的声音都容易惊醒宝宝，反而破坏了宝宝抵抗干扰、自然进入深度睡眠的能力。

- 利用宝宝白天小睡的时候，锻炼宝宝对环境声音的适应力。白天小睡时，并不需要刻意压低环境声音。当他白天睡觉时，在天气好的时候，也可以适当打开窗户，让户外的声音传进来。
- 需要观察了解宝宝对声音的敏感度。如果宝宝已经习惯了极度安静的环境，可以试着人为制造一些小动静，比如妈妈低声说话，正常走路。注意循序渐进，在不吵醒宝宝的前提下，让他慢慢习惯这些环境音，锻炼宝宝抵抗环境音干扰的能力。
- 不管宝宝是否“睡得轻”，都要避免突然的巨大响动，比如大力开关门的声音、响亮的电视声音等。
- 同时需要提醒的是，在宝宝睡着后，最好不要在他旁边使用电脑或手机，这些设备突然发出的声音以及屏幕的光线对睡眠都会构成干扰。

夜间睡觉怕黑怎么办

如果宝宝真的怕黑，可以跟宝宝聊聊到底在怕什么，然后教他认识黑暗，了解光，正向引导宝宝，让宝宝意识到黑暗并不可怕。家长平时也要在生活的各个方面给宝宝足够的安全感，让他明白即使在夜晚看不见爸爸妈妈，他仍然是安全的。

- 对于宝宝来说，睡觉意味着与爸爸妈妈暂时分开。这本身就可能让他感到焦虑不安。
- 如果置之不理或过于粗暴地对待，很可能会给孩子的情感带来伤害，甚至产生心理阴影。
- 2岁左右的宝宝脑部正在快速发育中，想象力开始呈爆炸趋势发展。夜晚的来临，宝宝并没有把这些想象关掉。再者，在这个年纪，幻想世界和真实世界之间，还没有清晰的界限。于是当宝宝一个人在房间里时，就可能会怕黑，担心床底下有怪兽，所以希望爸爸妈妈能陪在他身旁。
- 可能没有办法马上完全消除孩子对黑暗的恐惧心理。孩子通常都需要很久才能度过这个阶段。家长需要耐心地通过温馨的睡前程序和一些小方法，来尽量缓解他睡前的焦虑感。

温水澡

睡前故事

说说话

♣ 坚持固定的睡前仪式，让宝宝的情绪逐渐放松下来，比如先给他洗个温水澡，然后讲一个温馨的睡前故事，之后坐在床边和宝宝说说话，直到他昏昏欲睡为止。

- 2岁左右的宝宝已经有了一定自我安抚的能力，但还不足以让他战胜自己丰富的想象力。如果孩子有固定安抚物，可以让他继续抱着安抚物睡觉。不要低估安抚物的作用，它能为宝宝带来心理安全感。

- 如果宝宝一定要求开着灯，家长可以给他提供一盏小夜灯，但是最好安放在低于床面的位置，并保持灯光昏暗，以免影响宝宝睡眠质量。
- 家长也可以给宝宝的卧室门留一条缝，让他看到你房间或者客厅里的一点灯光，并告诉他如果有需要，随时都可以喊你。爸爸妈妈永远都在身边，对于宝宝来说是很大的安慰。

- 如果宝宝的焦虑情绪十分严重，家长不妨多陪伴一会，等到宝宝入睡后再离开。还可以通过读绘本等方式，告诉宝宝什么是黑暗和光明。黑暗并不可怕，只是一种自然现象。即使宝宝不是很明白，这样的方式多少能缓解宝宝在黑暗中的焦虑情绪。

小婴儿的睡眠环境如何营造

1

别关！看不见孩子我会心慌！

2

会影响孩子作息的……

3

那好吧！

啪！

4

屋里这么干？打开加湿器！

5

呼呼呼！

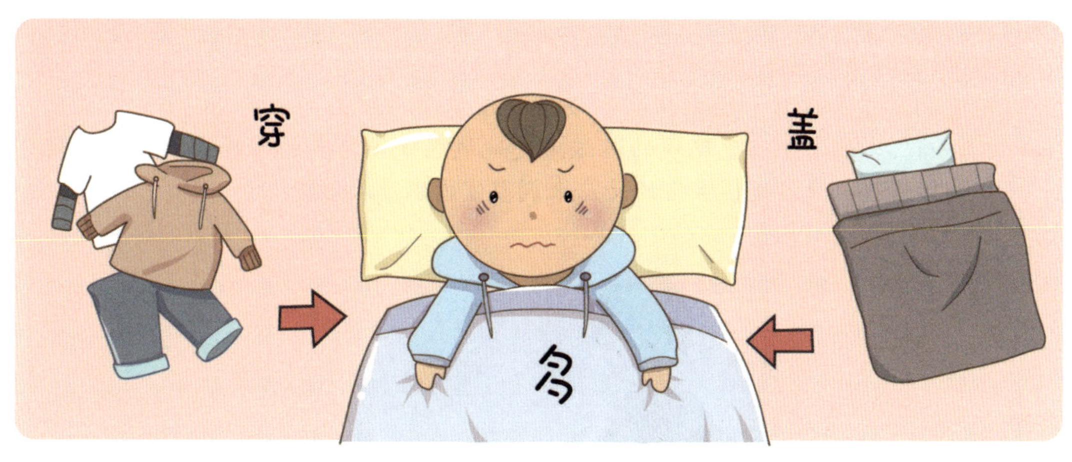

不良的睡眠环境，会干扰宝宝的睡眠，既降低了睡眠质量，也会让宝宝形成不好的睡眠习惯。睡眠质量差，会影响宝宝的生长激素分泌，不利于宝宝的成长。而不良的睡眠习惯，不仅会给宝宝健康带来损害，也让家长纠正起来困难重重。

舒适的睡眠环境应具备下几点：

1. 适宜的温度和湿度。适宜宝宝的温度和湿度参考值为：温度 24~26℃，湿度 40%~60%。但由于家庭环境的温湿度受地域或气候特点的影响，家长可以根据实际情况，通过观察宝宝的反应来调整室内温度和湿度。

2. 适宜的光线和声音环境。宝宝白天睡觉时，家人也可以像平时一样活动，让宝宝适应白天略显嘈杂的睡眠环境。而晚上，要尽可能保持安静，减少声音干扰；同时也要减少光线刺激，在宝宝睡着后关掉所有光源。如果真的需要照亮，可以准备一盏功率在 8 W 以下或有调光功能的小夜灯，安置在床的水平面之下。

- 舒适的穿盖衣物。家长可以为宝宝选择舒适、宽松、透气性、吸汗性良好的被褥和睡衣。通过摸宝宝后颈背部判断给宝宝穿盖的衣物是否适宜。后颈背部以温暖、干燥为宜。如果出汗了，表示穿盖多了，要减少；如果颈背部皮肤摸着发凉，就要适当增加穿盖。
- 保证室内空气质量。可以定期开窗通风或使用净化器。

值得注意的是，给宝宝准备的小床床栏间距离最好在5cm以下，以免卡住宝宝四肢等部位，出现损伤。

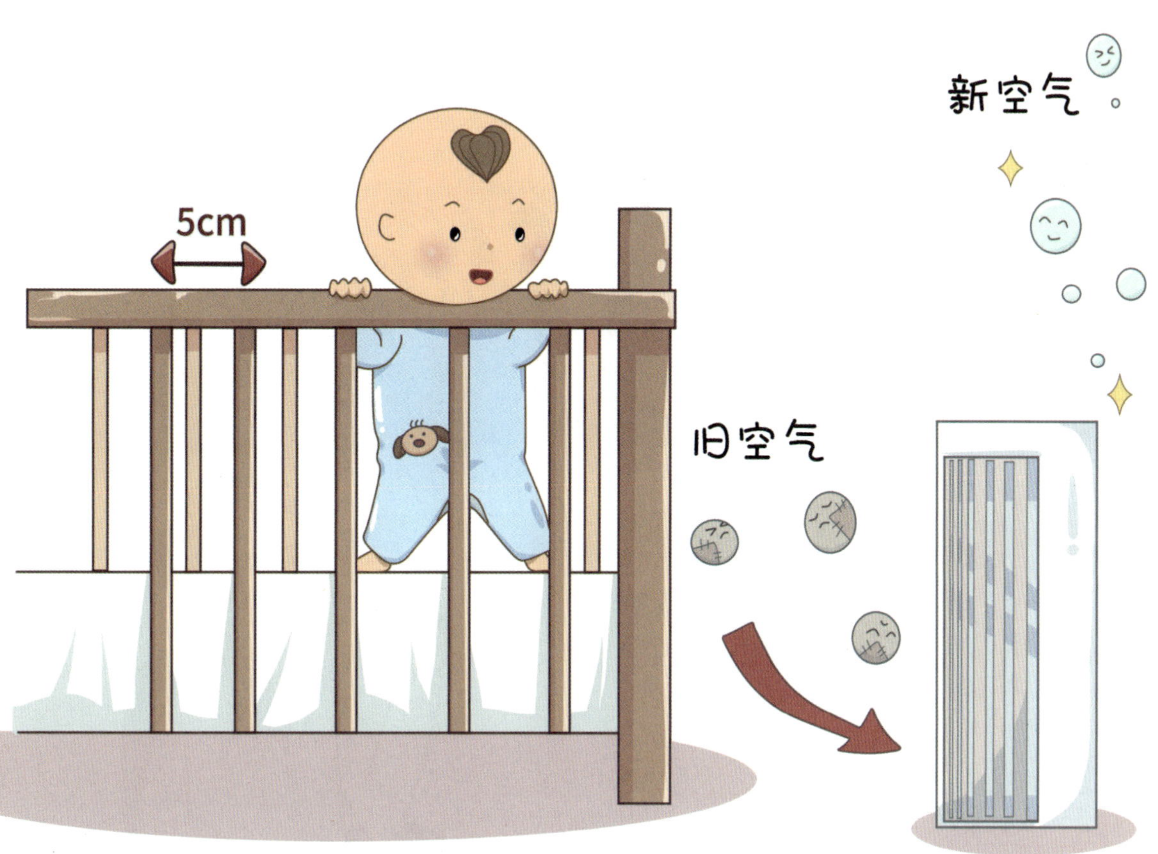

让小宝宝单独睡小床

为了让孩子形成独立的睡眠好习惯，家长应尽可能循序渐进地培养宝宝单独睡小床的习惯。

1 分床睡有助于形成独立睡眠

很多妈妈为了夜里喂奶方便，让孩子睡在自己身边。这样，孩子会越来越依赖妈妈的照顾，再加上总能闻到母乳的味道，夜里吃奶的需求也会增加，造成夜奶频繁的问题。而这显然不利于拥有优质睡眠质量，也不利于养成良好的睡眠习惯。

2 能创造良好的睡眠环境

分床睡还能给孩子创造一个空气清新的睡眠环境。睡眠过程中，家人呼出的很多代谢物，比如二氧化碳等，很容易被孩子吸进去，长此以往，肯定不利于孩子的身心健康。而如果孩子能睡在自己的小床上，空气自然会清新不少。

3 分床睡能保障孩子的睡眠安全

对于睡得比较沉且睡眠不是很老实的成人，很有可能在翻身时压到婴儿，引发宝宝窒息危险等。

小床能给孩子安全感

孩子在睡觉的时候，常常要靠着点东西，这是孩子在胎儿时期养成的习惯，子宫的包裹能够给孩子一种安全感。也正是因为这个原因，在孩子出生后的很长一段时间里，他依然希望睡觉时能有东西可以依靠。因此，如果宝宝睡大床，他可能会不停地翻身、移动，最后靠在妈妈身上。而一旦找不到依靠物，他就会频繁醒来，这无形中干扰了孩子的睡眠，不利于养成自主入睡的习惯。

如果孩子单独睡小床，空间相对比较小，能够给宝宝带来强烈的安全感，从而睡得也更踏实。

为了能让孩子更好地适应小床，建议在孩子一出生后就分床睡。可以将宝宝的小床靠在父母的大床旁边，既方便照顾宝宝，又不会影响彼此睡眠。刚出生的两三个月内，婴儿吃奶的需求会比较频繁，尤其是夜里喂奶，妈妈会辛苦些。但坚持一段时间后，分床睡的优势就会凸显出来，可以在很大程度上减少夜奶的次数。

DuDu

Part5 睡眠行为与习惯

睡眠行为与习惯

我家宝宝倒算得上是个天使宝宝，睡觉一直挺好的。

真羡慕，我家宝宝现在根本就是个“睡渣”。

我家宝宝之前也睡不好，一开始，我也只是抱怨，后来才发现，是自己疏忽了宝宝，没做好引导。

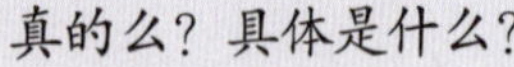

真的么？具体是什么？

很多啊，比如，有时候宝宝会踢被子，我发现是因为我给孩子盖得太厚，换过薄的后，立马安稳了；有时候宝宝半夜会哭醒，我发现原来是因为宝宝睡前玩得太疯了，还看了刺激的动画片。其实，宝宝睡眠上的各种“恶劣”行为，与家长的引导息息相关。

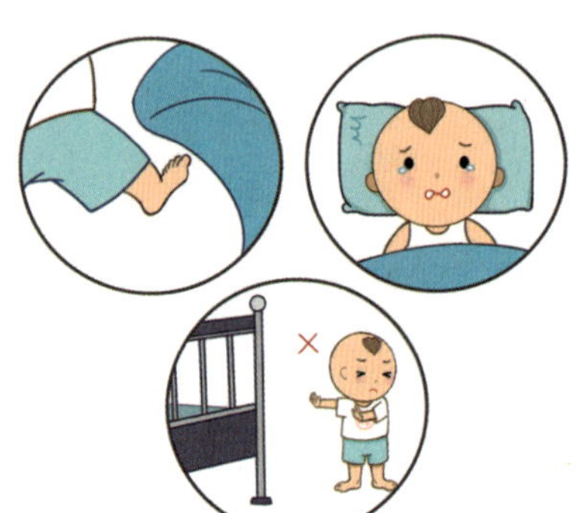

啊？那宝宝晚上不睡，是不是我陪玩导致的啊？

医生点评

宝宝的睡眠行为和习惯，虽然受到自身发育的影响，但也和大人的引导密不可分。

当宝宝出现用口呼吸、打呼噜之类的情况，家长要提高警惕，而不是听之任之。千万不要因为家长的一时疏忽，而身体的疾病没被发现，宝宝健康受到危害。

当宝宝出现夜惊或入睡困难等问题的时候，在排除宝宝不适的前提下，反思是不是大人的一些错误方式，诱导和激发了宝宝的行为。

宝宝睡觉爱蹬被子怎么办

找出引发蹬被子的原因，而不是只顾不停地给宝宝盖上。

♣ 宝宝如果是和大人一起睡大床的话，可以尝试换成带围栏的小床。太大的空间会让宝宝感觉不安全，更容易翻滚找寻有安全感的角落，在翻滚的过程中就容易踢落被子。看看宝宝的被子尺寸是否合适，要选择盖在宝宝身上四周还留有余地的被子，这样的大小比较合适。

♣ 检查室内温度是否处于24~26摄氏度；同时检查宝宝的铺盖情况，垫得过厚或者盖得过厚，即使室温合适，也依然会让宝宝因为太热而蹬被子。

♣ 宝宝有时候翻身调整睡姿也会蹬被子，家长不要马上就去安抚或者盖被子，可以等宝宝完全安静睡踏实后再给宝宝盖上。

♣ 如果宝宝没有因为不盖被子而着凉，说明他不冷，没必要非得强迫他盖。

♣ 这么大的宝宝，是有一定自我保护能力的，真觉得冷的时候会想办法，往大人身边凑，甚至自己拉起被子盖上，所以不必过分担心。

♣ 实在不放心，担心宝宝冻着，也可以选择厚薄合适、透气性好、宽松度适宜的睡袋，用它代替被子。

睡觉时打呼噜、张嘴怎么回事

♣ 遇到孩子睡觉时打呼噜、张嘴睡的情况，要排查是不是由病理因素造成的，必要时应及早治疗。

♣ 宝宝用口呼吸和打鼾如果只是暂时现象，影响不大。但如果宝宝一直有这个问题就需要重视了。通常只有呼吸不畅的时候，才会出现用口呼吸和打鼾的情况。

♣ 长期下去有可能造成低氧血症，也就是俗称的“缺氧”。日积月累的慢性缺氧除了会对健康造成各种不良的影响，也会影响面部颌骨的正常发育，导致上颌往外凸出，面部变形。上颌越往外凸出，鼻腔就会变得越窄，打鼾就会越厉害，就此形成一个恶性循环。

♣ 如果宝宝以前睡觉从来不打呼噜、不张嘴，但在得了呼吸道疾病后出现了以上情况，只要帮助宝宝尽快消除炎症，鼾声就会慢慢消失。

♣ 如果宝宝有张口睡觉的习惯，那么在他张口呼吸时，家长用手轻轻把宝宝的嘴合上，并持续一小会，观察宝宝的反应。如果宝宝出现憋气、挣扎的现象，说明有上呼吸道不畅的情况，比如鼻炎、扁桃体肥大、腺样体肥大等，需要就医；如果宝宝没有太大反应，睡眠依然平稳，那可能是睡姿不当引起的。

♣ 有些小月龄宝宝，喉软骨发育不完善，比较薄；加上平躺睡觉的姿势对喉部有压迫，呼吸过程中喉软骨容易随着气流摆动发出声音。这种情况通常不需要处理，等过 4~6 个月，喉软骨发育稍加成熟后，打鼾现象就会好转。

♣ 喉软骨发育不全和扁桃体、腺样体肥大都会让宝宝打鼾，但有区别。如果是因为喉软骨软打鼾，宝宝表现为睡觉时虽然打鼾，但声音不会特大，反而醒着的时候，尤其是兴奋、激动的时候，喉咙里发出的声音比睡觉时呼噜声大。而腺样体或扁桃体肿大，是睡觉时比醒着时打鼾严重；如果情况严重，还可能会出现呼吸暂停的现象。家长可以据此做出初步的判断。

宝宝半夜惊醒怎么处理

★ 在遇到宝宝半夜惊醒时，家长要分清宝宝惊醒的原因，到底是噩梦还是夜惊，根据不同情况区别对待。

★ 噩梦一般发生在睡眠的后半段，此时宝宝往往处于浅睡眠期。对做噩梦突然大哭的宝宝，家长要给予及时温柔的安慰，来缓解他的紧张情绪，也可以完全叫醒宝宝，等他安静下来后再继续入睡。尽量通过拍哄、搭话的方式安抚宝宝，而不是把宝宝立马抱起。

★ 日常多给予宝宝安全感，观察他的情绪起伏。家长可以在睡前温柔地和宝宝说话、吟唱摇篮曲，让宝宝感受到家长的保护；也可以借助安抚物缓解宝宝夜醒后的紧张感。此外，尽量保持家庭环境安静、放松，适当减少陌生人来访。

★ 睡前不要过度引逗宝宝，也不要让宝宝玩过于激烈、声光过大的玩具。白天家长可以和宝宝讨论一下噩梦的内容，或者采取一些方法来打消宝宝的恐惧，比如鼓励宝宝把梦境画下来，并把它扔掉等。

★ 夜惊往往发生在睡眠的前半段，宝宝处于深睡眠阶段。夜惊的宝宝表现为突然惊起，或双眼紧闭或瞪目坐起，表情紧张，甚至喊叫、梦游。虽然有的宝宝可能会睁开眼睛看看，但往往会自己又睡下，这时的宝宝实际上并没有真的醒，还处于睡眠中。家长不用叫醒夜惊的宝宝，只要在一边看护，不要让宝宝受伤就可以了。

★ 宝宝通常也不会记得夜惊，所以家长无须在白天和宝宝讨论这件事。夜惊频繁的话，且都在固定时间，家长可以提前半个小时叫醒宝宝，不用完全叫醒，拍一拍，让他变换一下睡姿或嘟囔几句就行。

★ 需要强调的是，夜惊往往不会发生在几个月的小婴儿身上，基本上都是几岁的孩子才会出现这种状况。这个时候家长应该和孩子进行有效的沟通，帮助孩子解除内心的紧张。如果始终没有改善，则需要咨询医生。

夜间已摘掉纸尿裤，却老爱起床小便

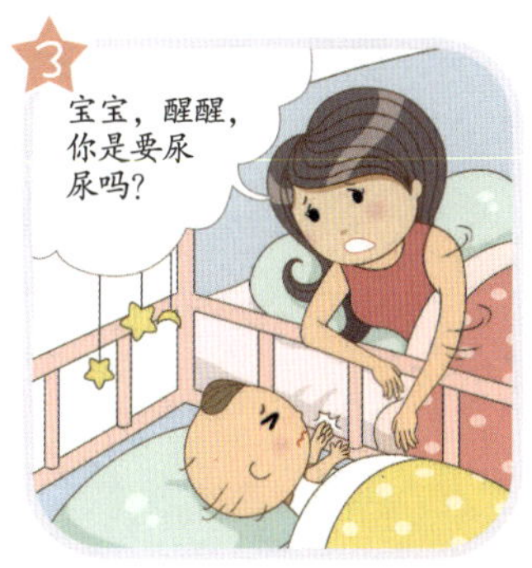

夜间排尿和宝宝机体功能发育不完善有关，并不是严重的问题。如果不影响睡眠质量，则不用太过担忧。随着宝宝的发育，他对排尿的控制会越来越强。如果影响到睡眠的话，家长则可以适当采取措施加以引导，但切勿粗暴地指责、批评。

- 睡前尽量不要让宝宝喝太多的水，少吃水果和其他液体食物，避免宝宝因为摄入过多的水分而不得不起来排尿。

- 如果宝宝有睡前喝水或喝奶的习惯，可以提前1~2个小时让宝宝喝，临睡前再让宝宝排一次尿，降低夜间排尿的概率。

- 宝宝如果很难改变进食习惯，且夜间起床小便很影响睡眠状态和情绪，那么可以在他入睡后1小时左右，如果宝宝不排斥，叫醒他起床排尿，尽量保证后面有大段的睡整觉时间，减少夜间醒来给宝宝造成的影响。

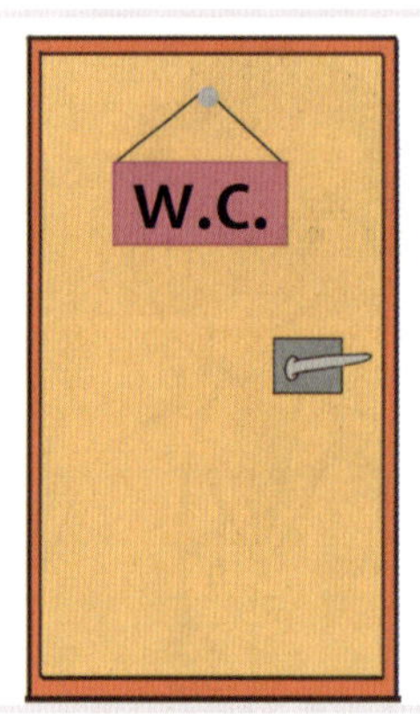

- 睡前不要让宝宝太过兴奋，大脑皮层的过度兴奋会造成对排尿的控制力度降低，让夜间更容易想尿尿。如果宝宝就是要晚上尿尿，而又影响到睡眠，那么也很有可能是个体发育的差异。如果现在宝宝还没有办法整夜憋尿，家长可以根据情况，让宝宝继续使用纸尿裤。

夜醒后开始玩怎么管

现阶段的宝宝，如果有半夜起来玩的习惯，最好能够加以调整，但要采取恰当的引导方式。

半夜起来玩的习惯大多与家长引导不当有关。如果家长夜里和宝宝玩过一次，那么就很可能有下一次。夜间睡眠不足，白天补觉。到了第二天晚上宝宝更容易半夜醒过来，接着要求玩，逐渐形成恶性循环。

半夜起来玩，不利于睡眠规律的建立，造成昼夜颠倒。通过玩耍或安抚后才能再次入睡，宝宝无法自主“接觉”。另外，间断的睡眠也不利于宝宝的生长发育。

- 宝宝夜间醒来的时候，家长尽可能不要开灯，也不要跟宝宝说话或逗引宝宝，锻炼他自主“接觉”继续睡。如果宝宝要求玩耍，家长应该告诉宝宝晚上是睡觉时间，可以适当用轻拍等方式安抚，同时大人以身作则，尽快睡觉。

- 白天睡觉不要拉上窗帘，让宝宝分清白天和夜晚，并且午睡时间不要过长或过晚，以免半夜宝宝因为不困而醒过来。
- 适当增加宝宝白天的活动量，如果宝宝的精力白天没有消耗掉，那么夜间当然很容易出现醒过来玩耍的情况。

睡觉时头总往一侧偏

★ 观察宝宝是否存在斜颈、偏头的问题。如果已经存在偏头问题,需要根据宝宝头型的发育情况和月龄,选择适宜的方式进行矫正,比如调整睡姿,使用矫正枕头、头盔等,家长千万不可放任不理。

★ 如果宝宝睡觉时，头总是偏向一侧，容易造成偏头的情况。宝宝大脑的发育是顶着颅骨长的。正在发育的大脑由于偏头睡，被迫移去了别的位置，将其他位置的颅骨顶起来，这就会影响颅骨整体的发育。

★ 头型不正，可能会出现脸型不对称的情况。而这容易引发宝宝眼睛、耳朵不在一条线上的问题，使得这些器官相应的功能受到一定的影响。

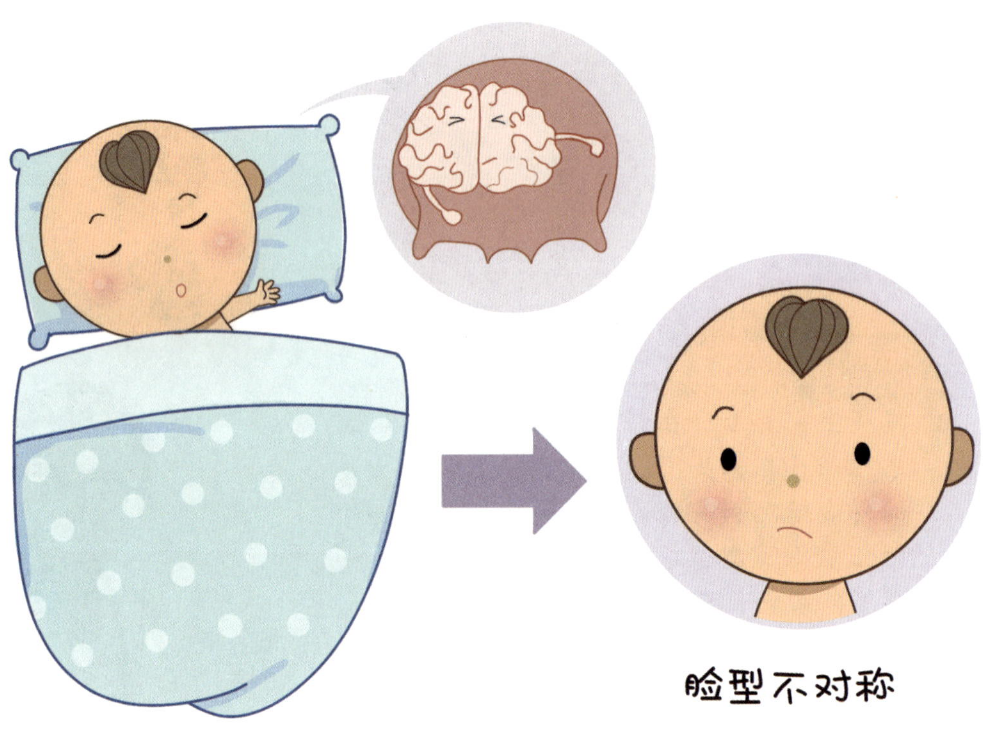

★ 有的宝宝在出生时，颈部两侧的胸锁乳突肌在胎儿期或分娩时受到损伤，造成两侧肌肉松紧不一致，而出现斜颈，斜颈宝宝仰睡时头就特别容易偏向一侧。

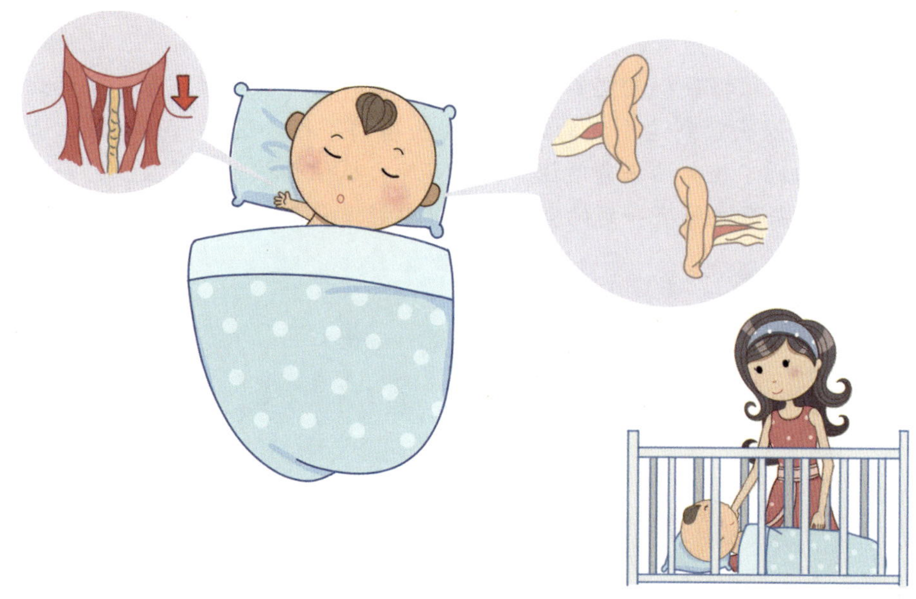

★ 首先要确定宝宝是否存在斜颈，建议找专业医生检查。医生会用双手摆正宝宝的头部，同时用中指检查脖子两侧的胸锁乳突肌（即耳垂线后方的肌肉），如果发现某一侧肌肉相对比较硬或紧，那就说明宝宝可能存在斜颈问题。

★ 家长可以在医生的指导下持续揉比较硬的肌肉，采用顺时针或逆时针，按照一个方向揉，每天至少揉 3 次，每次至少 15 分钟，通常一个月左右就可以把紧张的肌肉揉开。这对于纠正宝宝偏头、歪头有很大帮助。

★ 另外，不管宝宝是不是存在斜颈，经常给宝宝变换睡姿，也能预防宝宝出现偏头、歪头。

★ 6个月以内的宝宝，因为骨头还比较软，可以尝试体位疗法，即用矫正枕头进行矫正。这种枕头的材质通常都比较考究，即柔软透气有弹性，既能满足舒适度，同时又不易被挤压变形。家长可根据宝宝偏头、歪头的情况，帮助他调整姿势躺好，将头部凸出的部位嵌进枕头凹陷区域里，从而起到一定的矫正作用。

★ 当宝宝满6个月，颅骨已经逐渐变硬，就需要专业的辅助工具了，比如矫正头盔。头盔需根据每个宝宝不同情况定做。制作时，会照顾到孩子头部最突出的位置，以头顶到这个点的距离作为头盔的半径。这样，孩子戴上头盔后，凸出的地方就会被头盔顶住，因为有外力抵住而被限制了生长，而扁平的位置又和头盔之间有一定的空隙，就可以继续向圆形发展。

★ 最短的头盔矫正时间是3~4个月，每天要戴约23个小时。除了洗脸洗澡，其他时间都应该戴着。这样宝宝睡觉时无论什么姿势，头都不会被压着。

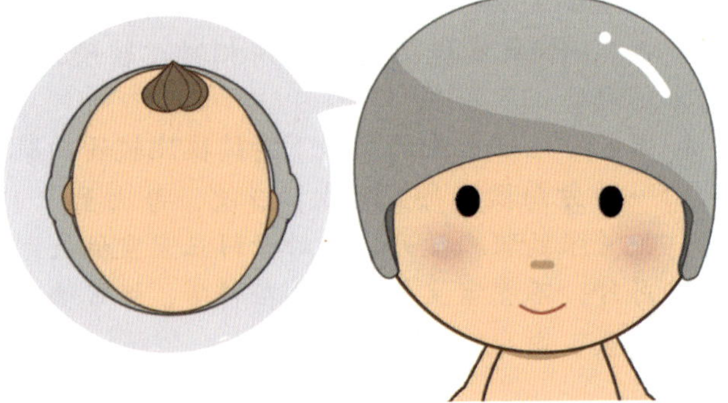

宝宝半睁着眼睡是否正常

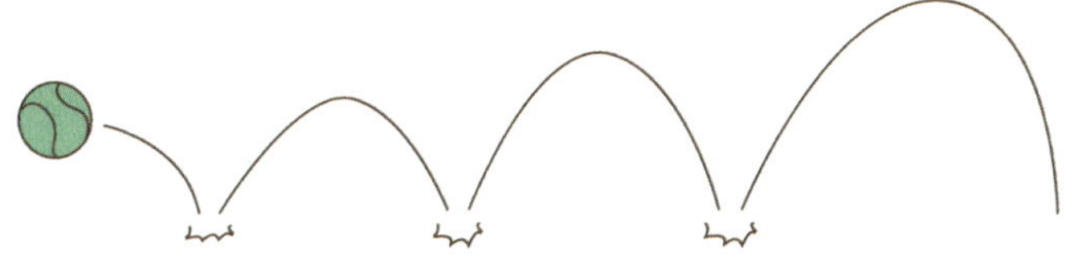

- 由于宝宝还比较小，眼部肌肉还未发育成熟，宝宝的神经对肌肉的控制力度还不够，特别是眼睛周围的肌肉。因此在相对放松的睡眠状态下，会出现闭合不严、半睁半闭的情况。

- 这种情况可能会被遗传，但随着宝宝年龄增大会有所改变，无须治疗。也有可能是因为宝宝处于浅睡眠，等自然过渡到深睡眠时，这种状况就能得到改善了。
- 如果宝宝的眼睛存在严重的倒睫，闭上眼睛，出现明显不适，或有严重的眼睑闭合不全，或出现眼睛红肿等情况，则应及时就医。

如何应对棘手的落地醒

♣ 宝宝出现落地醒，要分析引起落地醒的原因，采取相对应的方式，及时予以纠正。

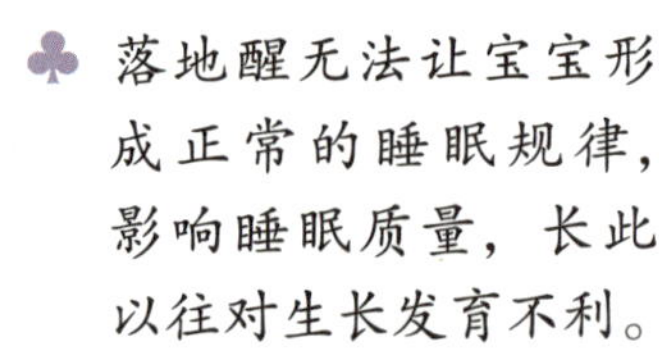

- 落地醒无法让宝宝形成正常的睡眠规律，影响睡眠质量，长此以往对生长发育不利。
- 家长也会因为宝宝无法自主入睡，得不到充足的休息，影响育儿体验和生活质量。

肠绞痛导致的落地醒

- 抱着的时候对宝宝的腹部有一定的压迫，在一定程度上，可以缓解肠绞痛，再加上抱着可以让他获得更多的安全感，有助于平复情绪，这些都更有利于让宝宝入睡。在这种情况下的落地醒，解决问题的关键在于缓解肠绞痛。
- 孩子肠绞痛时，在宝宝耳朵边模仿白噪音，可以起到安抚的效果；也可以把宝宝的腿屈起来，还可以适当包裹住宝宝。
- 如果孩子肠绞痛特别严重，可以遵医嘱使用含有“罗伊氏乳杆菌”的益生菌，缓解肠绞痛症状。

不良哄睡习惯导致的落地醒

- 首先，在纠正过程中一定要坚信，宝宝困了就会睡。不要盲目追求宝宝的睡觉时长以及睡觉时间点。
- 应循序渐进地改变哄睡方式。比如，之前是抱着并晃动宝宝哄睡，幅度减小一些；这样操作几天后过渡到抱着宝宝，但保持静止，不摇晃；几天后过渡到和宝宝一起躺在床上，搂着宝宝睡；然后再渐渐变成不搂着，只是抚摸着宝宝的身体安抚他睡觉；最终实现彻底放开宝宝，让他自己睡。
- 每个过渡阶段持续的时间，可以根据宝宝的接受程度调整。但不要在两个阶段之间来回反复，否则容易给宝宝形成只要哭闹就可以变回原来哄睡方式的印象。这会让整个纠正过程变得更困难。

- 小婴儿刚开始进入的是浅睡眠时期，此时放下容易醒，可以继续抱20分钟，等宝宝进入深睡眠（眼珠不再快速转动、手脚放松、表情安静）后再放下。放下的手法也很重要。比如要先放屁股再放头。放下的每一步要稳且慢，观察宝宝没有抵触反应的时候再进入下一步。
- 日常宝宝睡觉过程中，即使有一些扭动和哼唧，家长不要马上就去抱哄、拍睡。那很可能是处于浅睡眠期的一些动静，应该尽量让宝宝自己“接觉”。过多的干预会影响宝宝的睡眠，造成对抱睡的依赖。
- 此外，还有一些方法，比如妈妈可以抱着孩子一起躺下，孩子的腿放在妈妈的腿上。也可以尝试抱到宝宝迷糊了还没闭眼就放下，在床上安抚宝宝睡着，再过渡到宝宝困了之后就直接放在床上，轻轻拍拍安抚宝宝入睡。

什么样的睡姿最好

- 最好有大人持续看护的时候，让宝宝采取趴睡的睡姿；吃完奶以后，让他侧着睡；而等到晚上大家都睡觉了，再让他保持仰睡的睡姿。
- 每种睡姿都存在利和弊，并没有哪种单纯的睡姿是对宝宝绝对有利和有害的。而多种睡姿合理交替，不但能保证宝宝的安全，还有利于宝宝头型的正常发育。

仰睡

- 对于半岁以内的宝宝来说，仰睡是一种相对安全的睡姿，特别是晚上家长都睡着了以后。
- 不过，仰睡存在着一定的呛奶风险。因此，当宝宝睡前喝完奶以后，要给宝宝拍嗝，并让他保持侧卧。吐奶大多发生在吃奶后半小时内，所以家长可以在半小时后，把宝宝的侧卧调整为仰卧。

- 而如果宝宝喝着奶睡着了，家长可以抱着孩子，让宝宝趴在你的胸前，头靠在你的肩膀上，而你靠坐在沙发或椅子上，上半身与水平面呈45°角，静坐大约15分钟。一般来说，孩子都可以将嗝打出来。

侧睡

- 侧睡的好处在于，当宝宝一旦出现呛奶的时候，这个睡姿能方便奶液从他的嘴角流出，在一定程度上，减少了呛奶带来的危险。但有一点家长要注意，如果想让宝宝保持这种睡姿，需要有人在旁边看护，不然侧睡很容易变成趴睡。

趴睡

★ 有不少宝宝喜欢趴睡，因为这样会促进排气，减少肠胃的不适感。但很多老人总担心趴睡会压坏孩子的心肺。其实，孩子趴着和躺着时一样，心肺都在胸腔中间。不会出现压迫的情况。

★ 另外，有很多家长担心小月龄孩子趴着睡容易引发窒息。事实上，如果有家长在旁边细心看护，除非早产儿或的确生着病、情况危重的孩子，一般足月出生的健康宝宝，只要趴睡时有大人看护，是不会因为趴着睡而窒息的，家长们不要过度担心。

★ 可能有些家长会问，《美国儿科学会》上不是特别强调，不建议小月龄的宝宝趴睡吗？确实，《美国儿科学会》特别强调了，趴睡会增加“婴儿猝死综合征”的几率。但导致这个情况的主要原因是：国外大多数宝宝出生后，就自己单独睡在一个房间。而中国就不一样了，宝宝大都和家长在同一个房间，并有家长在旁边看护，出现什么问题也能及时发现和解决，所以相比较而言，国外的宝宝在趴睡时，猝死的概率会比较高。

宝宝入睡困难怎么办

◆ 宝宝从上床到睡着的时间过长，或者深度依赖各种安抚物入睡，都属于入睡困难的范畴。入睡困难不但影响睡眠规律的形成，也不利于宝宝的心理发育，应当及时纠正。

◆ 入睡前检查周围的环境，是否有干扰宝宝入睡的因素，比如宝宝是否已吃饱？身体有无不适？

◆ 给宝宝制定一套固定的睡眠仪式，比如夜间睡觉前洗澡，或者讲一个睡前故事、唱催眠曲等。这一套固定的仪式可以让宝宝逐渐形成“做完这些就要睡觉了”的意识，起到心理暗示的作用。

◆ 适当调整宝宝的生物钟，养成规律的作息时间。白天的午睡时间既不要太晚，也不要太长，让宝宝晚上入睡时有恰到好处的疲劳，更有利于入睡。

◆ 适当增加宝宝白天的活动量，让他的精力能够得到释放，有助于他晚上更好地入睡。但不能过度疲劳或兴奋，避免因大脑皮层刺激过强，让入睡更困难。

- 如果宝宝深度依赖安抚物入睡，那么问题可能出在心理上。平时家长要多花时间，认真地陪伴宝宝，增加宝宝的安全感。入睡时也可以用讲故事、唱歌等方式分散宝宝对安抚物的注意力。
- 但不要马上撤走安抚物，要给宝宝一定的缓冲时间。一旦安全感充足，宝宝对安抚物的依赖自然会慢慢减轻。
- 如果宝宝只认定由妈妈哄睡，就应该增加其他家庭成员陪伴宝宝的时间，让宝宝减轻对妈妈的依恋；同时哄睡时妈妈最好不要出现，让其他家庭成员陪孩子入睡。

如何维护宝宝的睡眠安全感

宝宝睡不安稳，除了一些睡眠习惯的问题，和安全感也有很大的关系。

- 很多家长认为越大的床，宝宝睡得越舒服，但却没有意识到，宝宝的感受和成人并不一样。对于宝宝来说，十个月的子宫生活，宝宝本能地更喜欢狭小拥挤的感觉。这也是初生的婴儿喜欢被包裹以及被大人抱在怀里的原因。这让他们感觉更安全。
- 在大床上睡觉，宝宝的四周空旷，容易让他们感觉到不安。宝宝会本能地通过翻滚寻找可以依靠的地方，要么是床栏，要么是大人的身体，总有触碰到一个边界才会停下来，才能睡得安稳。

- 虽然很多大人确实一直待在宝宝身边，但并不表示就有了足够的陪伴。和宝宝在一起，应该多跟宝宝进行亲子交流，增加身体上的接触。
- 让宝宝感受到家长的爱，才能真正提高内心对安全感的确认。睡觉时，宝宝面临的是黑夜和闭上眼睛后与家长暂时分离的焦虑。只有获得充足的安全感，才能让宝宝从容地面对这种情形，更安稳地入睡。

1. 可以给小月龄的宝宝包上宽松度适宜的包裹，帮助宝宝安稳入睡。
2. 给宝宝提供带围栏的小床，让宝宝自己睡。如果一开始不习惯，也可以把宝宝的小床拼在大床旁边，让宝宝有一个过渡和适应的时间。
3. 家长发现宝宝有睡不安稳的情况，不要马上抱起来哄，可以用手握住宝宝的手，轻轻按住，这既让宝宝感受到妈妈在身边，也避免形成抱着哄睡的不良习惯。

4. 日常多陪伴宝宝，和宝宝进行各种互动，让宝宝感受到爸爸妈妈的关爱，提高心理安全感。
5. 还可以给宝宝准备一个安抚物，但要注意安全性，不能有捂住口鼻的风险。

图书在版编目（CIP）数据

崔玉涛图解宝宝成长 . 2 / 崔玉涛著 . —北京：东方出版社，2019.5
ISBN 978-7-5207-1003-9

Ⅰ. ①崔…　Ⅱ. ①崔…　Ⅲ. ①婴幼儿—哺育—图解　Ⅳ. ① TS976.31-64

中国版本图书馆 CIP 数据核字（2019）第 073520 号

崔玉涛图解宝宝成长 2
（CUI YUTAO TUJIE BAOBAO CHENGZHANG 2）

作　　者：崔玉涛
策 划 人：刘雯娜
责任编辑：郝　苗　王娟娟　戴燕白　杜晓花
封面设计：孙　超
绘　　画：孙　超　陈佳玉　戴也勤　响　月　冯哲然　张紫薇　和光同尘
出　　版：东方出版社
发　　行：人民东方出版传媒有限公司
地　　址：北京市朝阳区西坝河北里 51 号
邮　　编：100028
印　　刷：小森印刷（北京）有限公司
版　　次：2019 年 5 月第 1 版
印　　次：2019 年 5 月第 1 次印刷
开　　本：787 毫米 ×1092 毫米　1/20
印　　张：7.5
字　　数：98 千字
书　　号：ISBN 978-7-5207-1003-9
定　　价：39.00 元
发行电话：（010）85924663　13681068662